感谢武汉大学“双一流”建设专项人才启动经费（项目号：600460026）对本书出版的支持

黄河中游史前农田管理研究

以植物稳定同位素为视角

王欣 著

中国社会科学出版社

图书在版编目(CIP)数据

黄河中游史前农田管理研究：以植物稳定同位素为视角 / 王欣著 . —北京：中国社会科学出版社，2023. 3

ISBN 978 - 7 - 5227 - 1601 - 5

Ⅰ. ①黄… Ⅱ. ①王… Ⅲ. ①黄河流域—农田—农业史—研究
Ⅳ. ①S28 - 092

中国国家版本馆 CIP 数据核字(2023)第 047981 号

出 版 人 赵剑英
责任编辑 郭 鹏
责任校对 刘 俊
责任印制 李寡寡

出 版 中国社会科学出版社
社 址 北京鼓楼西大街甲 158 号
邮 编 100720
网 址 http://www.csspw.cn
发 行 部 010 - 84083685
门 市 部 010 - 84029450
经 销 新华书店及其他书店

印 刷 北京君升印刷有限公司
装 订 廊坊市广阳区广增装订厂
版 次 2023 年 3 月第 1 版
印 次 2023 年 3 月第 1 次印刷

开 本 710 × 1000 1/16
印 张 12.5
字 数 155 千字
定 价 68.00 元

序

2022年10月，王欣博士联系我，希望我为她即将出版的新书《黄河中游史前农田管理研究——以植物稳定同位素为视角》作序。此书是她博士论文的延续，我作为她硕博士论文的评阅人和答辩委员会委员，对她的研究较为熟悉，因此欣然答应。

王欣本科毕业于四川大学考古系，硕士阶段就读于中国科学院大学，从事植物考古方向研究，博士阶段在胡耀武教授的指导下，将植物考古与稳定同位素分析结合，尝试对史前的农田管理展开研究。我建议这一研究可以聚焦文明起源阶段的中原地区，最终成果发表在国际知名考古学期刊 *Journal of Archaeological Science* 中，相关内容见本书的第六章。作为参与者，我见证了这项工作从起步到如今出版成书的过程。

农田管理是提高作物产量的重要举措，对维持农耕社会稳定意义重大。我国作为农业大国，农耕文明源远流长，先民在农业生产中积累了丰富的农田管理经验与知识，相关记载多见于历史阶段的农书中。然而，史前的农田管理不见于古文献记载，并且缺乏直接的实物证据，长期以来未能得到重视和研究。直到20世纪末，学界通过对考古出土的农作物遗存开展稳定同位素分析与研究，发现这些农作物的稳定同位素信息可以反映当时的环境及农田管理情况，从而为史前农田管理研究提供有力手段。王欣正是国内较早从事植物遗存稳定同位素研究的学者之一。

《黄河中游史前农田管理研究——以植物稳定同位素为视角》一书在植物遗存稳定同位素分析的基础上，以案例研究的形式对黄河中游史前考古遗址中的农田管理行为进行追踪，得到了两个比较重要的认识：（1）距今5500年开始，黄河中游地区就可能存在对粟类作物的施肥行为，为当地人口增长和仰韶文化扩张提供了重要的驱动力。（2）龙山文化晚期，中原地区对不同农作物可能采取了不同的种植方式，包括分配不同的土地进行种植和人为干预（施肥）等，这种农田管理策略可能是该区域为适应社会发展和人口增长而发展出的独特策略，并为早期文明在该地区的出现积累了物质基础。

作物秸秆亦可作为家畜饲料，家畜粪便用于作物施肥，以施肥为代表的农田管理行为将作物种植和家畜饲养紧密结合起来，维持了农业系统的稳定性和可持续性。因此，农田管理研究丰富和深化了我们对史前农业的认识。希望本书的出版可以引起学界对相关研究的兴趣和重视。

当然，作为史前农田管理研究的初步尝试和阶段性成果，该书尚有不够成熟的地方，例如，目前的研究无法回答史前农田管理是何时出现并如何发展的；除了有机粪肥外，是否还有其他形式的施肥行为并如何区分；除了施肥外，灌溉、除草等其他农田管理技术的情况如何等等。未来仍有许多工作等待开展与完善。

中国社会科学院

赵志军 研究员

2023年3月5日

内容提要

施肥是提高作物产量最直接有效的途径，作物高产所带来的物质财富的累积为人口增长、社会发展和文化扩张提供了基础和保障。近二十年来，对植物遗存开展稳定同位素研究逐渐应用到考古学中，为施肥等农田管理研究提供了不可或缺的有效方法。然而遗憾的是，中国史前农田管理技术的相关研究并未及时开展。为了探讨施肥等农田管理技术在史前农业生产中是否存在及其潜在的意义，本书以碳、氮稳定同位素分析方法为手段，具体分析了新石器时代中晚期陕西渭南白水河流域七处遗址（下河遗址、南山头遗址、北山头遗址、汉寨遗址、西山遗址、睦王河遗址、马坡遗址）和河南嵩山南麓地区四处遗址（王城岗遗址、程窑遗址、瓦店遗址、新砦遗址）出土的粟、黍、水稻、大豆等植物遗存以及相关动物骨骼的碳、氮稳定同位素结果，首次对中国史前施肥管理技术进行了科学的证实，并在此基础上尝试性地从农田管理角度认识农业与社会发展之间的关系。

与推算出的自然植被 $\delta^{15}N$ 基础值相比，粟、黍、水稻的 $\delta^{15}N$ 值明显偏高，排除干旱等提高植物 $\delta^{15}N$ 值的因素，作物较高的 $\delta^{15}N$ 值应当来自人工施肥。结合碳十四年代数据来看，至少从距今5500 年开始，白水河流域就采用施肥等农田管理技术。肥料主要来源可能是家猪的粪便。此外，猪和牛等家畜主要是以粟、黍的副产品（叶、秸秆等）为食，而粟、黍种子更多地被人类所消费。黄土土壤存在水肥易流失的问题，施肥管理可以有效保持土壤肥力，提高粟、黍产量，为人和家畜提供足够的食物来源。施肥可以视为新石器时代晚期我国北方地区粟作农业扩张、人口增长及仰韶文化发展的重要驱动力。

嵩山南麓地区龙山晚期粟、黍、水稻三种农作物的 $\delta^{15}N$ 值普遍偏高，表明三者经过了施肥管理。其中，瓦店遗址出土农作物以及人的稳定同位素数据都分为明显的两组，暗示了不同管理及种植条件下的农作物可能分配给来自社会不同阶层的人群。综合稳定同位素数据、大植物遗存结果、地形地貌研究，嵩山南麓龙山晚期先民不仅种植了多种农作物（粟、黍、水稻和大豆），而且还对农作物进行了不同的土地分配和管理。

文明诞生的背后，物质资料的累积起到了重要的推动作用，而物质资料的累积离不开农业生产水平的提高。黄河中游地区至迟从仰韶文化晚期，距今约 5500 年开始，就已经存在较为成熟的持续施肥技术，从而有效地维持农田肥力，提高农作物产量。嵩山南麓通过多品种作物搭配多方式土地利用实现的农业制度多样化，增加了作物产量，从而促进了人口增长，食物的积累和人口的增加为社会的复杂性提供了强有力的支撑，促成了嵩山南麓所在的中原地区出现第一个国家级的有组织的社会。土地利用的多样化和施肥管理，为文化发展和文明诞生提供了至关重要的物质保障和基础，经过长期的发展和积累，最终中华文明在中原地区形成。

目　　录

第一章　绪论

第一节　选题背景及意义

从人类社会发展的角度来看，农业的出现是人类生计方式的一次巨大变革，标志着人类从被动的攫取者转变为主动的生产者。通过对自然界的长期观察和认识，人类在熟悉植物生长习性的基础上，选择某些植物加以栽培、驯化，由此开始走上了农业生产之路。与采集狩猎相比，农业活动需要人类有意识地对作物进行照看和管理，并且在农业生产过程中，人类会不断加强对农作物的管理，从而提高作物产量，为人口增长、社会发展提供有效的物质基础。从原始农业的“刀耕火种”到现代农业的精耕细作、集约化生产，农业的发展过程正是人类对各种生产要素管理强化的过程。因此，对农业活动的研究应当关注到人类对农作物的管理，从人工管理的角度探讨农业的发展。

农田管理包括从作物播种到收获整个过程，以及对农田的一系列人工干预如灌溉、施肥、除草、松土、选择时节。在长期的农业生产中，人类通过对自然、植被、水文、土壤的观察，不断积累经验，强化和完善人工管理，来提高作物产量。产量是人类从事农业生产最为关心的。一直以来，最大程度获得高产是人类进行农田管理的直接目的。

一般情况下，提高农作物产量主要有两种方式，一方面可以通过开垦农田扩大种植面积，另一方面则是提高单位面积产量。前者一般是农业生产水平较低时，通过简单的刀耕火种等方式开垦农田，满足生活所需。然而，随着社会发展，当人口增长到一定规模时，单纯通过扩大种植面积很难满足粮食所需。并且，对距离较远的农田进行耕作会耗费更多劳动力，因此，通过无限扩大种植面积来获得更高的粮食产量是很难实现的。为了满足人口增长和社会发展所需，提高农业生产水平，通过更加精细、强化的农田管理来提高单位面积产量，才是提高农作物产量的有效方式。尤其是史前时期，农业生产是最为重要的生计方式，是物质资料最基础的来源，文化扩张和社会进步的背后，必定有农业生产水平的提高来提供持续推动力。因此，探讨农田管理技术不仅可以了解史前社会农业生产水平，丰富对史前人类生活面貌的认识，还能够更客观地了解文化发展、社会进步的动因。

农田管理的对象是农田以及生长在农田上的作物。对农业生产来说，土地是最基本的不可替代的农业生产资料。如果没有额外的肥力补充，同一片农田在经过连续多年的耕作后，会因土地肥力耗尽而无法满足作物生长所需。因此，地力衰竭是对定居农业最大的威胁，这也是农田管理的必要所在。为了维持土地肥力，获得更高的作物产量和更好的作物品质，在众多农田管理技术中，施肥起到了最显著、最重要的作用。最早对考古植物遗存进行施肥研究的工作在欧洲地区开展，大约公元前 5900 年，欧洲最早的农民开始了人工施肥，施加给作物的肥料主要来自于家畜的粪便，因此，强化的施肥管理将作物栽培与家畜饲养紧密结合起来。施肥在提高作物产量的同时还优化了农业结构，促进了人类在不同环境中的适应和扩张，由此奠定了欧洲地区长期以来农牧结合的农业结构。①

通过施肥改良土壤，这是无法在短期内实现的，它需要长期持续的肥料投入，因此，施肥管理在一定程度上体现出先民对于“可持续化”生产的认识。同时，在施肥的过程中，劳动力和肥料都是有限的资源，只有当劳动力、土地、作物、家畜等生产要素配置合理时，才能优化投入产出比，从而在一定程度上促进社会的分工。此外，土地在经过长期施肥后，会成为一种宝贵资源，对史前社会而言，继承和争夺这样的土地资源，往往引发或加剧部落内部以及部落间的冲突。以史前欧洲为例，史前施肥管理的研究同样揭示出当地先民长期以来的可持续生产策略以及背后所反映出的祖先崇拜思想和对领地的争夺，相关证据在西欧发现的丧礼纪念碑以及公元前六千纪德国塔尔海姆的大规模屠杀得以体现。②

中国作为一个农业大国，农业生产的传统从新石器时代开始，一直延续几千年从未间断过。作为古代社会最为基础和重要的生计方式，农业生产为社会的进步、文明的孕育奠定了坚实的基础。

---

① Bogaard A., Fraser R., Heaton T. H., et al., “Crop Manuring and Intensive Land Management by Europe's First Farmers”, *Proceedings of the National Academy of Sciences*, Vol. 110, No. 31, 2013, pp. 12589 - 12594.

② Bentley R. A., Bickle P., Fibiger L., et al., “Community Differentiation and Kinship Among Europe's First Farmers”, *Proceedings of the National Academy of Sciences*, Vol. 109, No. 24, 2012, pp. 9326 - 9330; Bogaard A., Fraser R., Heaton T. H., et al., “Crop Manuring and Intensive Land Management by Europe's First Farmers”, *Proceedings of the National Academy of Sciences*, Vol. 110, No. 31, 2013, pp. 12589 - 12594; Wahl J., König H. G., Biel J., “Anthropologisch-traumatologische Untersuchung Der Menschlichen Skelettresteaus Dem Bandkeramischen Massengrabbei Talheim, Kreis Heilbronn”, *Fundberichteaus Baden-Württemberg*, Vol. 12, 1987, pp. 65 - 193.

中华文明是古代世界文明中唯一没有中断过的，这与中国古代发达的农业生产有着密不可分的关系。农业伴随着新石器文化一路发展，相互促进，农业为社会发展、文化扩张提供物质基础，社会发展水平的提高又为农业增产提供技术支持。

我国北方地区作为典型的旱作农业区，旱作农业传统从农业开始出现起一直保持至今，对农田的管理从新石器时代开始，经过几千年的发展、成熟，至今仍为人们所传承。黄河中游地区是黄河从内蒙古河口镇至河南郑州桃花峪所流经的地区，河长 1206 千米，流域面积 34. 4 万平方千米。[①] 这一地区历来是中华文化发展的核心地区，对中国早期文明的发生和形成起着领先和突出的作用。黄河中游地区的新石器文化自成序列，从未间断。从距今 7000 到 5000 年左右，仰韶文化在此起源、发展，文化面貌空前繁盛，对周边的影响力之大和辐射范围之广令人瞩目。在中国史前文明多元一体的文化格局中，仰韶文化占有重要地位，对古代文明的形成具有重要贡献。随后经过了龙山文化、二里头文化的发展和积淀，社会复杂化日益加深，阶级出现，中国古代文明最终在中原地区形成，我国历史进入文明时代。黄河中游地区的新石器文化序列完整，并且作为孕育中华文明的地区，无疑成为研究农田管理技术的理想区域。与此同时，对农田管理技术的探讨亦可更好地认识农业生产在仰韶文化扩张、中华文明起源这两个重要事件中的推动作用。

基于施肥等农田管理技术的重要性，对农田管理的研究应当是史前农业活动研究不可或缺的重要一环。然而，长期以来，囿于

---

① 中国大百科全书总编辑委员会中国地理编辑委员会：《中国大百科全书·中国地理》，中国大百科全书出版社 1993 年版，第 226—227 页。

农田管理相关实物证据的缺乏——施肥、灌溉等证据很难通过考古遗存的形式保存下来，相关研究一直受材料所限，无法开展系统工作。新石器时代农业活动主要利用大植物遗存和微体化石，以种属鉴定、量化统计、植物形态等指标，围绕着农作物的起源和传播等问题展开，[①] 缺乏对农业生产技术等农业活动自身特征的深入研究。

第二节 研究问题和研究方法

农田管理应当是农业研究的重要组成，它不仅可以反映农业生产水平，还能窥探资源配置、社会结构等问题。因此，农田管理相关研究的系统开展可以为探讨农业在史前文化发展、早期文明中的重要作用提供有效途径。基于农田管理的重要性，针对国内史前农田管理相关研究薄弱的现状，本书拟通过介绍植物遗存稳定同位素分析这一较新的手段在考古研究中的应用，着重对黄河中游地区新石器时代晚期农田管理方式进行追踪，探讨不同农田管理方式背后的资源配置和社会分工问题，从农田管理角度探讨

---

① 赵志军：《从兴隆沟遗址浮选结果谈中国北方旱作农业起源问题》，《东亚古物 A 卷》，文物出版社2006年版，第188—199页；赵志军：《中国古代农业的形成过程——浮选出土植物遗存证据》，《第四纪研究》2014年第1期；郑云飞、蒋乐平：《上山遗址出土的古稻遗存及其意义》，《考古》2007年第9期；Fuller D. Q., Qin L., Zheng Y., et al., "The Domestication Process and Domestication Rate in Rice: Spikelet Bases from the Lower Yangtze", *Science*, Vol. 323, No. 5921, 2009, pp. 1607 - 1610; Lu H. Y., Zhang J. P., Liu K. B., et al., "Earliest Domestication of Common Millet (*Panicum Miliaceum*) in East Asia Extended to 10000 Years Ago", *Proceedings of the National Academy of Sciences*, Vol. 106, No. 18, 2009, pp. 7367 - 7372; Miller N. F., Spengler R. N., Frachetti, M., Millet Cultivation Across Eurasia: Origins, Spread, and the Influence of Seasonal Climate, *The Holocene*, Vol. 26, No. 10, 2016, pp. 1566 - 1575.

农业生产技术与史前文化发展，以及早期文明之间的关系。带着这样的研究目的，本书主要试图解决以下几方面问题：

（一）构建黄河中游地区新石器时代晚期农田管理的历时演变

结合考古学文化分期和高精度 AMS^{14}C 年代数据，建立农作物碳、氮稳定同位素组成随时间的变化曲线，探讨施肥、灌溉等不同农田管理方式的历时演变情况。由于植物稳定同位素可以实时反映植物生长期的环境（自然和人工）信息，因此，利用农作物稳定同位素信息可以较为准确地把握农田管理策略以及气候环境可能存在的变化节点，探讨变化背后的动因以及与文化发展、文明演变的关系。

（二）探讨先民对不同农作物的管理方式和选择

粟、黍起源于我国北方地区，是新石器时代北方地区的主食。粟、黍两种作物生长习性接近，在众多新石器时代遗址中共同出土，因此，先民很可能将两者一起种植，共同作为粮食作物。通过对粟、黍遗存进行稳定同位素分析，对比粟、黍两种作物碳、氮稳定同位素值，可以为判断两种农作物的种植环境、种植季节以及是否共同种植提供证据。

龙山文化晚期，粟、黍、大豆、水稻、小麦多种农作物在黄河中游地区考古遗址中发现，不同作物是否存在不同的管理、消费方式，借助稳定同位素分析可以探讨不同作物的种植和管理方式。比较不同作物的稳定同位素值，结合农作物自身的生理特征，探讨不同农作物的农田管理方式，此外，结合人骨和动物的稳定同位素数据，推断不同人群对不同作物的选择是否存在差异，例如水稻、小麦引入后的接纳程度，是否存在特定人群的消费。

（三）探讨农业生产策略的空间变化

对农业生产来说，水和肥是两种非常重要的资源。不同类型农田的开发，以及灌溉、施肥等农田的改良，体现出生产者对资源的配置，这些信息能够被作物的稳定同位素值所记录下来。以施肥为例，对大量肥料的搬运需要耗费大量的劳动力，因此，施肥强度大小主要受距离影响：距离聚落较近的种植区可以更方便地获取粪便，更有可能受到更高的施肥管理。此外，大面积的农田可能存在施肥不均的现象，尤其在粗放式农业生产中。在同一个考古遗址中，如果出土的农作物遗存表现出不同程度的施肥强度，那么这些农作物很有可能来自不同的种植区，或者面积较大的农田。因此，通过农作物稳定同位素值分布范围，可以推测遗址的种植规模，以及生产者对土地的控制能力。通过对不同规模、不同等级的遗址农田管理方式的比较，可以探讨农田管理强度与遗址规模的关系，推测不同遗址的农业生产规模。

（四）尝试探讨农业生产在仰韶文化扩张、中华文明起源中的作用

仰韶文化是我国新石器时代北方地区考古学文化的代表，北方新石器文化在仰韶文化时期迅速扩张，对史前文化产生了重大影响。文化扩张离不开农业生产提供基础的物质保障，对农田管理的研究，可以为文化扩张与农业生产的相互关系提供依据。

龙山—二里头时期，农作物中的小麦、水稻以及家畜中的牛、羊出现在中原地区，农业生产更加多元化，与传统“粟黍+猪”的农业组合相比，牛、羊主要依靠放养，比家猪需要更多的劳动力投入；小麦、水稻的栽培也比粟、黍需要更多的管理，多元化的生产要素势必对原有生产体系造成一定的冲击，可能会带来劳动力、资源的重新分配和社会分工的加强，对整个社会结构产生一定影响。

梳理龙山—二里头时期中原地区农田管理方式的演变情况，探讨不同时期农田管理强度和种植规模，进一步推测早期文明出现、形成阶段农业生产策略的选择（农业强化或农业扩张），并结合动植物考古、环境考古、稳定同位素等证据，尝试探讨农业生产在早期文明中的作用。

为了解决上述问题，拟采用以下研究方法：

（一）植物遗存分析

大植物遗存采用应用最为广泛的浮选法提取，利用植物遗存比重普遍小于水的特性将土壤中的植物遗存分离出来，并通过光学显微镜对获取的植物遗存进行观察和鉴定。

（二）稳定同位素分析

稳定同位素分馏发生在众多生物化学过程中，碳和氮作为生命体最为基本的组成元素，两者的稳定同位素可以作为无数生理过程的记录。对植物体来说，稳定同位素主要反映的是植物体生长过程中的环境条件（自然环境和人为环境），分析植物稳定同位素组成的时空变化，可以反映自然环境的变化和人工管理程度。植物稳定同位素研究的主要内容是探讨植物稳定同位素分馏机制和影响因素，建立植物 $\delta^{13}C$、$\delta^{15}N$ 值与气候参数、人工管理程度之间的关系模型，将植物稳定同位素组成信息转化为环境气候和人工管理信息。

（三）AMS^{14}C 年代框架的构建

加速器质谱（AMS）法 ^{14}C 年代测定相比常规 β 衰变计数法 ^{14}C 年代测定具有灵敏度极高、样品需求量极少和测量时间短的优势，已在考古年代学中得到极为广泛的应用。以往由于样品限制，通过木炭进行的年代测定往往偏老，无法代表所在遗迹单位的准确年代，为考古学研究带来很大的误差。AMS^{14}C 测年对样品量的需求更少，可以直接对炭化植物种子进行测年，农作物种子本身的年龄可以更加准确地反映农业发生、传播和作物驯化的年代，极大地促进了植物考古学研究。

AMS^{14}C 测年技术自引入考古学起，就检验、修正了众多世界各地考古遗址的年代。例如，以往通过木炭测年认为墨西哥 Tehuacán 河谷是玉米最早的驯化地，而 Austin 等人直接对该地区玉米进行 AMS^{14}C 测年，发现结果要比之前的年轻 2500 年之久。① 由此可见，对遗址中出土的植物种子直接进行 AMS^{14}C 测年可为农业起源等研究提供更为可靠的年代信息。因此，本研究中在样品条件允许的情况下尽可能选取炭化种子直接进行年代测定，为建立黄河中游新石器时代晚期农业活动年代框架、研究农业发展序列提供更为准确的依据。

（四）施肥模型的建立

目前植物稳定同位素研究相关工作主要集中在麦类作物，粟、黍，尤其是水稻的相关研究稍有不足。因此，在对考古植物遗存进行分析之前，首先需要通过现代样本数据，建立不同农作物稳定同位素组成与农田管理水平之间的关系模型。在此基础上，对考古植物遗存的稳定同位素数据进行分析，判定可能存在的农田管理方式。

通过对现代粟进行不同施肥程度的种植实验，对已有的麦类作物施肥模型进行校验，建立适用于粟、黍等作物不同施肥水平的量化模型。

---

① Austin L., Benz B. F., Donahue D. J., et al., *First Direct AMS Dates on Early Maize from Tehuacán*, Mexico, Radiocarbon, Vol. 31, No. 3, 1989, pp. 1035 - 1040.

第三节　本书的写作思路

粟、黍对史前中国的重要贡献，以及农田管理对农业乃至文化发展的重要意义，亟待对粟、黍稳定同位素以及史前农田管理技术等相关研究的开展。基于此，本书选取了黄河中游地区新石器时代晚期相关遗址，开展植物遗存稳定同位素研究，探讨中国史前施肥管理是否存在，以及施肥管理与社会发展、文化扩张之间的关系问题。

本书所选取的遗址分布在陕西白水河流域和河南嵩山南麓两个区域。研究的时间跨度从仰韶文化中晚期到龙山文化末期。其中白水河流域位于陕西省关中东部，处于渭北黄土台原与陕北黄土高原的过渡地带，是粟作农业从关中平原向陕北高原传播的重要通道。嵩山南麓位于河南省西部，目前发现的史前城邑多数分布在这一地带，是研究早期邦国和文明起源的核心区。

本研究工作主要包括现代种植实验，大植物遗存分析，动、植物稳定同位素分析及碳十四年代测定。在对史前粟作农业施肥管理进行研究之前，首先要确认施加有机肥对粟、黍作物氮稳定同位素值的影响。因此，本研究首先进行了现代种植实验：将粟的现代样品分别种植在施有机粪肥、施无机化肥、不施肥和富含腐殖质的土壤中，成熟后收集种子样品进行稳定同位素分析，探讨施肥对粟类作物稳定同位素组成的影响。

在现代实验基础上，开展史前农田管理研究。首先，对陕西省白水河流域下河、南山头、北山头、马坡、睦王河、汉寨、西山七处遗址进行大植物遗存分析，对其中的粟、黍植物遗存和相关动物遗存进行稳定同位素分析，探讨农田管理在粟作农业扩张中的作用。其次，对河南嵩山南麓地区瓦店、程窑、王城岗、新砦四处遗址粟、黍、水稻、大豆等农作物遗存进行稳定同位素分析，结合已有的人和动物稳定同位素数据，探讨文明起源前夜中原地区的农田管理技术、社会分化、食谱精细化等问题。

最后，结合考古学背景综合讨论施肥的重要性、施肥所反映出的资源配置问题及其对社会经济结构的影响。具体样品情况见表1、表2、表3。

表1　**现代粟种植实验样品情况**

种植条件	种植地点	种植时间	样品量（份）
有机肥	山东省平度市店子镇昌里村	2016年7月5日—10月20日	54
无机肥			20
不施肥			24
腐殖质			24

表2　**陕西白水河流域各处遗址采样情况**

遗址	位置（纬度，经度）	文化期	年代（BP）	植物样品量（份）	动物样品量（份）	测年样品量（份）
下河	35.16，109.63	仰韶晚期—龙山时期	5190—ca. 3500	30	23	3
马坡	35.14，109.60	庙底沟二期	4300—4140	1	14	1
南山头	35.18，109.57	仰韶时期—龙山时期	5480— ca. 3500	5		3
北山头	35.18，109.56	仰韶晚期	5750—5320	6		1
汉寨	35.26，109.52	庙底沟二期、龙山时期	4440—4250	4		1

续表

遗址	位置（纬度，经度）	文化期	年代（BP）	植物样品量（份）	动物样品量（份）	测年样品量（份）
西山	35. 16，109. 63	仰韶晚期	4980—4820	1		1
睦王河	35. 14，109. 69	仰韶早期	5480—5310	2		

表3 **河南嵩山南麓各处遗址采样情况**

遗址	样品量（份）			
	粟	黍	水稻	大豆
程窑	2	4		
瓦店	3	2	7	
王城岗	7	2		3
新砦	5	10	10	

第二章　稳定同位素分析的原理及应用

自20世纪80年代以来，稳定同位素分析已成为考古学领域重建人和动物食谱极其有效的方法。在考古学研究中，稳定同位素研究主要通过骨骼、牙齿两种材料，分析人和动物的食物结构，再结合考古学背景，探讨人口迁徙、农业起源、家畜饲养、社会分化等问题。近二十多年来，稳定同位素分析开始应用到植物遗存中，以碳、氮两种稳定同位素为主，成为重建自然环境，探讨农田管理、食谱精细化的有效手段。本章主要从植物遗存稳定同位素的分析原理及方法入手，介绍植物遗存碳、氮稳定同位素的相关研究进展、主要影响因素、保存环境对植物遗存的影响以及样品处理方法等。

第一节　稳定同位素分析原理

同位素是相同元素的化学形式，它们有相同数量的质子，但具有不同数量的中子。例如，碳的三种主要的同位素分别为^{12}C、^{13}C、^{14}C，它们都拥有6个质子和6个电子，但中子数分别为6、7、8。太多或太少的中子数会增加元素的不稳定性，根据原子核的稳定性，同位素可分为不稳定同位素（放射性）和稳定同位素（非放射性）。如中子数较多的^{14}C是不稳定同位素，中子数适中的^{12}C和^{13}C是稳定同位素。稳定同位素是其中不发生或极易不发生放射性衰变的同位素，一般认为稳定同位素在地质时间尺度上不会发生衰减。

然而，稳定同位素绝不是恒定的，由于中子数量不同导致质量不同，同一元素不同同位素在热力学和动力学性质方面会表现出一定的差异。① 在对质量敏感的热力学和动力学反应中，质量较重的同位素往往反应更慢，聚集在系统热力学最稳定的组分中，因而导致一种元素的不同同位素会以不同比例分配在不同物质之中，这一现象称为同位素分馏（isotopic fractionation）②。同位素分馏在自然界中普遍存在，如蒸发作用、植物光合作用、食物消化吸收等过程。

碳、氮、氧、硫、氢等轻元素的稳定同位素是生命系统中的主要元素，被广泛应用于众多生物化学过程的研究。在考古学研究中应用比较多的是碳、氮、氧、硫、氢和锶等元素的相关稳定同位素，其中对植物遗存的稳定同位素分析来说，碳和氮元素是目前研究最多的两种稳定同位素。

某元素的同位素组成普遍使用“delta”或“δ”标度，并以千分比（‰）表述，来呈现同位素比值的微小变化，并且δ值的表达方式更便于数据的处理。③ 化合物样品中某元素的同位素比值指

---

① Sharp Z. D. , *Principles of Stable Isotopes Geochemistry. Pearson Prentice Hall*, Upper Saddle River, USA, 2007.

② 陈世苹、白永飞、韩兴国：《稳定性碳同位素技术在生态学研究中的应用》，《植物生态学报》2002 年第 5 期；林光辉：《稳定同位素生态学》，高等教育出版社 2013 年版。

③ Jochmann M. A. , Schmidt T. C. , *Compound-specific Stable Isotope Analysis*, Royal Society of Chemistry, 2015.

的是与标准物质同位素组成的相对偏差。例如，碳元素同位素比值的国际标准物质是 ViennaPeeDeeBelemnite，简称 VPDB；氮元素同位素比值的国际标准物质是大气中的氮气。[①] 稳定同位素分馏的测定主要通过质谱仪等分析仪器完成。接下来，将对植物遗存稳定同位素分析中两种最主要的同位素——碳元素和氮元素进行具体介绍。

一　稳定碳同位素变化来源

生物圈中最丰富的碳同位素是稳定形式的^{13}C和^{12}C，它们的摩尔比约为 1∶99。由于碳元素几乎参与所有生物反应，因此碳同位素组成（$\delta^{13}C$）可用作无数生理过程的记录，反映有机物产生的环境条件。在对植物碳同位素组成的首次研究中就发现，植物的$\delta^{13}C$值低于无机碳化物，[②] 这一现象与植物对碳同位素的选择有关，称为稳定碳同位素分辨率（Stable carbon isotope discrimination，$\Delta^{13}C$）。Craig[③] 更直观地发现，对较重的^{13}C的排斥发生在植物的叶片中，并且可能受到环境条件的调节。后来，Park 和 Epstein[④] 提出了$\Delta^{13}C$的机理模型，来解释CO_2的扩散、光合作用和次生代谢。特别是 Farquhar 系统阐释了稳定碳同位素分辨率（$\Delta^{13}C$）与稳定碳同位素比值（$\delta^{13}C$）之间的计算方法，确立了$\Delta^{13}C$与植物叶片细胞间CO_2浓度之间的关系，使稳定碳同位素得到了更广泛的应用。其中碳同位素分辨率的表达式为：

---

① 林光辉：《稳定同位素生态学》，高等教育出版社 2013 年版。

② Nier A. O.，Gulbransen E. A.，"Variations in the Relative Abundance of the Carbon Isotopes"，*Journal of the American Chemical Society*，Vol. 61，1939，pp. 697 – 698.

③ Craig H.，*Carbon13 in Plants and the Relationship between Carbon13 and Carbon14 Variations in Nature*，The Journal of Geology，Vol. 62，1954，pp. 115 – 149.

④ Park R.，Epstein S.，*Metabolic Fractionation of ^{13}C and ^{12}C in Plants*，Plant Physiology，Vol. 36，1961，pp. 133 – 138.

$$\Delta^{13}C = \frac{\delta^{13}C_{air} - \delta^{13}C_{plant}}{(1 + \frac{\delta^{13}C_{plant}}{1000})}$$

$\Delta^{13}C$ 反映了植物^{13}C 与周围空气^{13}C 的差异，$\delta^{13}C_{air}$和 $\delta^{13}C_{plant}$分别代表空气和植物的 $\delta^{13}C$。

（一）C_3 植物碳同位素分辨率（$\Delta^{13}C$）

植物中的碳主要通过光合作用途径获取。根据不同的光合作用途径，植物主要分为 C_3 植物、C_4 植物和景天酸代谢（CAM）植物。

C_3 植物（如小麦、水稻、乔木和大部分草本植物）通过 RuBisCO（核酮糖 -1，5 - 二磷酸羧化酶/加氧酶）直接固定 CO_2，由于第一个固定的化合物是三碳化合物，因此称为 C_3 植物。C_3 植物同位素分馏主要发生在两个过程中：CO_2 通过气孔进行扩散时，以及在 RuBisCO 参与催化 CO_2 的固定过程中（图 1），其中 CO_2 的固定过程导致了最大程度的碳分馏。在环境条件适宜（如水分充足）的情况下，叶片的气孔完全打开，CO_2 在叶片细胞内的流通不受限制，此时植物叶片会最大程度地进行碳同位素的分馏，优先选择吸收^{12}C，最终导致植物体自身表现出较低的 $\delta^{13}C$ 值。而当植物受到高温、干旱等环境胁迫时，叶片通过关闭气孔来降低蒸腾作用，从而限制 CO_2 的自由流通。气孔的关闭使植物失去“选择性”，减弱 CO_2 在扩散过程中的同位素分馏效应，使植物 $\delta^{13}C$ 值升高。因此，C_3 植物组织中 $\delta^{13}C$ 值与 CO_2 吸收效率以及气孔导度表现出负相关关系。受水分胁迫影响时，植物通过关闭气孔来增加水分利用效率，因而会减弱 C_3 植物的碳同位素分馏效应。这是植物碳同位素组成与环境因素（与植物水分利用相关的因素，如降水量、温度、潜在蒸散量等）关系研究的基础。

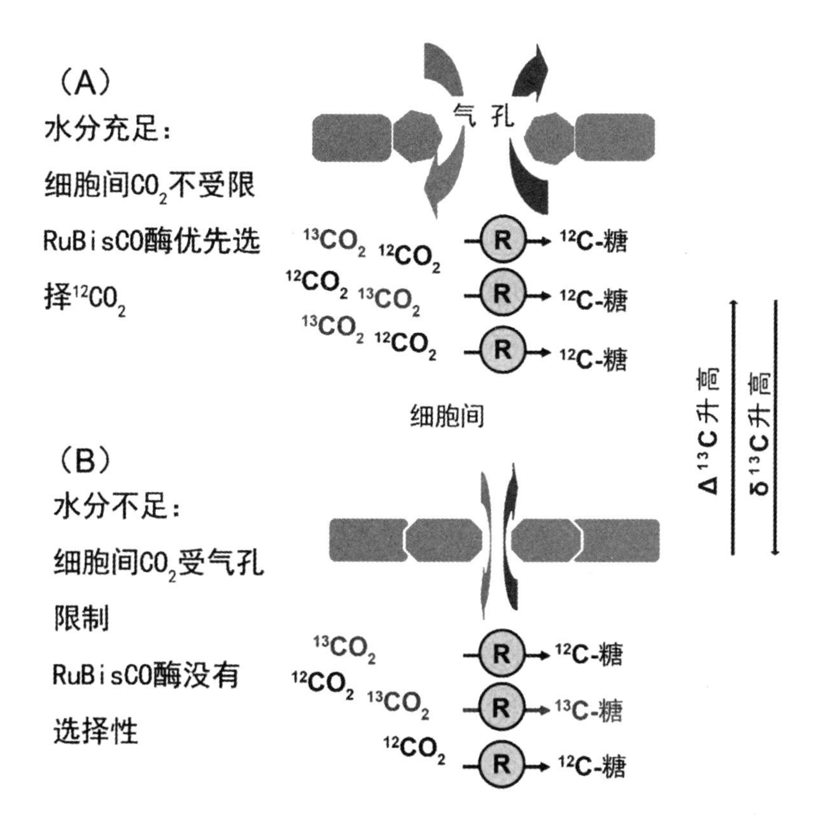

图1　不同环境下 C_3 植物碳同位素分馏示意图（改绘自 Fiorentino 等①）

根据 Farquhar 等人的简化模型②，C_3 植物中的 $\Delta^{13}C$ 可描述如下：

$$\Delta^{13}C(‰) = a + (b_3 - a)\frac{C_i}{C_a}$$

---

① Fiorentino G., Ferrio J. P., Bogaard A., et al., "Stable Isotopes in Archaeobotanical Research", *Vegetation History and Archaeobotany*, Vol. 24, No. 1, 2015, pp. 215 – 227.

② Farquhar G. D., O'Leary M. H., Berry J. A., "On The Relationship between Carbon Isotope Discrimination and the Intercellular Carbon Dioxide Concentration in Leaves", *Functional Plant Biology*, Vol. 9, No. 2, 1982, pp. 121 – 137.

其中 C_a 和 C_i 分别是空气中和叶片内部 CO_2 的浓度（或分压），而 a 和 b_3 分别代表由于通过空气扩散和 RuBisCO 酶参与 CO_2 的固定过程而产生的分馏系数（分别约为 4.4‰、27‰）。

这一模型显示出 C_3 植物的 $\Delta^{13}C$ 取决于这两个分馏过程之间的平衡。由于植物叶片从空气中吸收 CO_2，叶片内部 CO_2 的浓度始终小于空气中 CO_2 的浓度，即 C_i 小于 C_a。当气孔完全打开时（图 1），CO_2 很容易通过气孔扩散，此时 C_i 接近 C_a，导致 $\frac{C_i}{C_a}$ 较高（接近 1）。这一情况下，$\Delta^{13}C$ 更接近由 RuBisCO 酶引起的分馏（b_3）。相反，当气孔关闭时（图 1），CO_2 通过气孔的扩散受到限制，C_i 变得远小于 C_a，导致 $\frac{C_i}{C_a}$ 较低。此时由扩散引起的分馏（a）变得比由 RuBisCO 引起的分馏（b_3）更相关，并且植物表现出较低的 $\Delta^{13}C$。由于气孔对许多环境压力源（特别是缺水①）敏感，在 C_3 植物中，植物组织的 $\Delta^{13}C$ 通常与植物组织形成期间的水分可用性（water availability）呈现正相关关系。②

（二）C_4 植物碳同位素分辨率（$\Delta^{13}C$）

一般认为，C_4 植物进化晚于 C_3 植物，形成了一种更为复杂的

① Farquhar G. D., Hubick K. T., Condon A. G., Richards R. A., "Carbon Isotope Fractionation and Plant Water-use Efficiency", In: Rundel P. W., Ehleringer J. R., Nagy K. A. (Eds.), "Stable Isotopes in Ecological Research", *Ecological Studies* (Analysis and Synthesis). Vol. 68, Springer, New York, 1989, pp. 21 - 40.

② Araus J. L., Febrero A., Catala M., et al., "Crop Water Availability in Early Agriculture: Evidence from Carbon Isotope Discrimination of Seeds from a Tenth Millennium BP Site on the Euphrates", *Global Change Biology*, Vol. 5, No. 2, 1999, pp. 201 - 212; Ferrio J. P., Florit A., Vega A., et al., "$\Delta^{13}C$ and Tree-ring Width Reflect Different Drought Responses in Quercus Ilex and Pinus Halepensis", *Oecologia*, Vol. 137, 2003, pp. 512 - 518; Araus J. L., Villegas D., Aparicio N., et al., "Environmental Factors Determining Carbon Isotope Discrimination and Yield in Durum Wheat Under Mediterranean Conditions", *Crop Science*, Vol. 43, 2003, pp. 170 - 180.

CO_2 固定途径，从而更能适应高温和干旱的大气环境。栽培作物中的粟、黍、玉米、高粱等都属于 C_4 植物。C_4 植物光合作用是由叶肉细胞和维管束鞘细胞共同完成的，为了克服 CO_2 对 RuBisCO 的限制，C_4 植物开发出通过叶肉细胞中 PEPC（磷酸烯醇丙酮酸羧化酶）的参与来提高 CO_2 的固定效率。PEPC 将进入叶肉细胞的 CO_2（以 HCO_3^- 的形式）添加到磷酸烯醇丙酮酸中，形成含四个碳原子的草乙酸酯，C_4 植物得名于此。草乙酸酯随后被运输到维管束鞘细胞（叶脉的外层组织）并释放 CO_2，释放的 CO_2 由 RuBisCO 重新固定。在 C_4 植物中，维管束鞘相对不透气，阻止了 CO_2 的扩散，因此 CO_2 浓度远高于叶肉细胞中直接固定 CO_2 的 C_3 植物，从而提高了 CO_2 固定效率。尤其是在高温条件下，C_4 植物比 C_3 植物的 CO_2 固定效率更高。从植物在全球范围内的分布来看，温带地区的所有树木和大多数草本植物都是 C_3 植物，而 C_4 草本植物主要分布在温暖的热带和亚热带气候中。

对 C_3 植物来说，CO_2 通过气孔（和叶片内部）的扩散和 RuBisCO 的羧化是决定 C_3 植物碳同位素组成的关键过程，而在 C_4 植物中，还涉及通过 PEPC 的同位素分馏以及 RuBisCO 和 PEPC 的相互联系。① RuBisCO 和 PEPC 显示出明显不同的分馏效应（分别约为 27‰和 -5.7‰），这是造成 C_3 植物、C_4 植物表现出明显不同的 $\delta^{13}C$ 区间的主要原因。大部分 C_4 植物 $\delta^{13}C$ 位于 -12‰到 -15‰的狭窄区间中，平均值大约为 -12.5‰，② 而 C_3 植物大约为 -20‰。③

① Farquhar G. D.，"On the Nature of Carbon Isotope Discrimination in C_4 species"，*Functional Plant Biology*，Vol. 10，1983，pp. 205 - 226.

② Cerling T. E.，Harris J. M.，MacFadden B. J.，et al.，"Global Vegetation Change Through the Miocene/Plioceneboundary"，*Nature*，Vol. 389，1997，pp. 153 - 158.

③ Kohn M. J.，"Carbon Isotope Compositions of Terrestrial C_3 Plants as Indicators of (paleo) Ecology and (paleo) Climate"，*Proceedings of the National Academy of Sciences*，Vol. 107，2010，pp. 19691 - 19695.

根据 C_4 化合物输送到维管束鞘细胞后发生脱羧反应的酶不同，C_4 植物可分为三个亚型：NADP-ME 型（依赖 NADP 的苹果酸酶的苹果酸型）、NAD-ME 型（依赖 NAD 的苹果酸酶的天冬氨酸型）和 PCK 型（具有 PEP 羧激酶的天冬氨酸型）。三种亚型之间在碳同位素组成上有一定微小但显著的差异。对粟、黍来说，粟属于 NADP-ME 型，黍属于 NAD-ME 型。研究表明，NAD-ME 型植物的水分利用率更高，① 因此黍比粟表现出更负的 $\delta^{13}C$。

更复杂的光合作用途径导致影响 C_4 植物 $\Delta^{13}C$ 的因素更加复杂。Farquhar② 为 C_4 植物提出了类似的简化模型：

$$\Delta^{13}C(‰) = a + (b_4 + \varphi b_3 - a)\frac{C_i}{C_a}$$

其中 a、b_3、C_a 和 C_i 表示与 C_3 植物模型中相同的参数。b_4 代表 PEPC 引起的分馏系数（约为 $-5.7‰$），泄漏系数 φ 表示被 PEPC 固定的 CO_2 未被利用而从维管束鞘细胞中泄漏出来的比例。φ 不是一个固定值，具有物种特异性，并且随环境条件变化而改变。在常规环境条件下，大多数物种为 0.2—0.3，对环境条件的响应范围为 0.04—0.70。③ 这使得 C_4 植物的 $\Delta^{13}C$ 可能是正值也可能是负值，$\Delta^{13}C$ 与气孔导度或者水分利用可能表现出正相关关系或负相关关系，使 C_4 植物 $\Delta^{13}C$ 的解释变得复杂。④

---

① Hattersley P. W., "$\delta^{13}C$ Values of C_4 Types in Grasses", *Australian Journal of Plant Physiology*, Vol. 9, 1982, pp. 139 - 154.

② Farquhar G. D., On the Nature of Carbon Isotope Discrimination in C_4 Species, *Functional Plant Biology*, Vol. 10, 1983, pp. 205 - 226.

③ Henderson S. A., Caemmerer S. V., Farquhar G. D., "Short-term Measurements of Carbon Isotope Discrimination in Several C_4 Species", *Functional Plant Biology*, Vol. 19, No. 3, 1992, pp. 263 - 285; Kromdijk J., Ubierna N., Cousins A. B., Griffiths H., "Bundle-sheath Leakiness in C4 Photosynthesis: A Careful Balancing Act between CO_2 Concentration and Assimilation", *Journal of Experimental Botany*, Vol. 65, No. 13, 2014, pp. 3443 - 3457.

④ Ellsworth P. Z., Cousins A. B., "Carbon Isotopes and Water Use Efficiency in C_4 Plants", *Current Opinion in Plant Biology*, Vol. 31, 2016, pp. 155 - 161.

De Niro 等人[①]首次将考古植物遗存稳定同位素分析应用到食谱研究中，为食谱分析提供了参考信息，并且发现植物生长过程中的环境信号可以保存在植物遗存中。20 世纪 80 年代，一系列生理学和农学研究显示出谷物碳稳定同位素值与其水分利用状况有着非常紧密的联系。[②] 在此基础上，Araus 等人通过分析麦类作物 $\delta^{13}C$ 值建立了 $\delta^{13}C$ 值与水分利用关系的量化模型，来推测过去的农作物产量以及对农作物的水分投入，并将这一模型推广到整个地中海地区的古代遗址中。[③] 目前，碳同位素与水分利用关系的研究主要集中在 C_3 作物中，[④] 而 C_4 作物的研究相对较少。影响 C_4

---

① DeNiro M. J. , Hastorf C. A. , "Alteration of $^{15}N/^{14}N$ and $^{13}C/^{12}C$ Ratios of Plant Matter During the Initial Stages of Diagenesis: Studies Utilizing Archaeological Specimens from Peru", *Geochimica et Cosmochimica Acta*, Vol. 49, No. 1, 1985, pp. 97 – 115; Marino B. D. , Deniro M. J. , "Isotopic Analysis of Archaeobotanicals to Reconstruct Past Climates: Effects of Activities Associated with Food Preparation on Carbon, Hydrogen and Oxygen Isotope Ratios of Plant Cellulose", *Journal of Archaeological Science*, Vol. 14, No. 5, 1987, pp. 537 –548.

② Condon A. G. , Richards R. A. , Farquhar G. D. , "Carbon Isotope Discrimination is Positively Correlated with Grain Yield and Dry Matter Production in Field-grown Wheat", *Crop Science*, Vol. 42, 1987, pp. 122 –131; Farquhar G. D. , Richards P. A. , "Isotopic Composition of Plant Carbon Correlates with Water-use Efficiency of Wheat Genotypes", *Functional Plant Biology*, Vol. 11, No. 6, 1984, pp. 539 –552.

③ Araus J. , Buxo R. , "Changes in Carbon Isotope Discrimination in Grain Cereals from the North-western Mediterranean Basin During the Past Seven Millenia", *Functional Plant Biology*, Vol. 20, No. 1, 1993, pp. 117 –128; Araus J. L. , Febrero A. , Buxo R. , et al. , "Changes in Carbon Isotope Discrimination in Grain Cereals from Different Regions of the Western Mediterranean Basin During the Past Seven Millennia, Palaeoenvironmental Evidence of a Differential Change in Aridity During the Late Holocene", *Global Change Biology*, Vol. 3, No. 2, 1997, pp. 107 – 118; Araus J. L. , Febrer A. , Catala M. , et al. , "Crop Water Availability in Early Agriculture: Evidence from Carbon Isotope Discrimination of Seeds from a Tenth Millennium BP Site on the Euphrates", *Global Change Biology*, Vol. 5, No. 2, 1999, pp. 201 –212.

④ Condon A. G. , Richards R. A. , Farquhar G. D. , "Carbon Isotope Discrimination is Positively Correlated with Grain Yield and Dry Matter Production in Field-grown Wheat", *Crop Science*, Vol. 42, 1987, pp. 122 –131; Farquhar G. D. , Richards P. A. , "Isotopic Composition of Plant Carbon Correlates with Water-use Efficiency of Wheat Genotypes", *Functional Plant Biology*, Vol. 11, No. 6, 1984, pp. 539 –552; Warren C. , McGrath J. , Adams M. , "Water Availability and Carbon Isotope Discrimination in Conifers", *Oecologia*, Vol. 127, No. 4, 2001, pp. 476 – 486.

作物研究进展的主要原因是 C_4 植物光合作用途径更为复杂，C_4 植物自身对于气候变化的响应更为复杂多变，因此，C_4 植物碳同位素值与水分利用的关系仍然没有定论，① 在将 $\Delta^{13}C$ 与水分利用关系应用到 C_4 植物的研究中时应更加慎重。

二　稳定氮同位素变化来源

氮的稳定同位素主要有两种：^{14}N 和 ^{15}N。相比 ^{14}N 来说，重同位素 ^{15}N 在参与生化反应时需要更多的能量来打破或形成新的化学键，从而导致 ^{15}N 在反应底物中富集，产生氮同位素分馏。

（一）土壤中的氮转化

土壤中氮素的主要形式是无机氮和有机氮化合物。无机氮包括硝态氮（NO_3^-）、铵态氮（NH_4^+）、亚硝态氮（NO_2^-）、氨态氮（NH_3）、氮气（N_2）以及气态氮氧化物（NO_X），以 NH_4^+、NO_3^- 为主。大多数情况下，无机氮仅占土壤总氮的一小部分，不超过总氮量的 5%。土壤中的无机氮主要是由微生物活动分解产生的，受环境条件影响容易挥发和流失，并且易被植物所吸收，因此含量变化很大。地表土壤中的大部分氮是以有机氮的形式存在，一般占总氮量的 95% 以上。

土壤有机物结构中结合的氮称为土壤有机态氮。土壤中的氮素

---

① Buchmann N., Brooks J. R., Rapp K., Ehleringer J. R., "Carbon Isotope Composition of C_4 Grasses is Influenced by Light and Water Supply", *Plant, Cell & Environment*, Vol. 19, No. 4, 1996, pp. 392 – 402; Cabrera-Bosquet L., Sánchez C., Araus J. L., How Yield Relates to Ash Content, $\Delta^{13}C$ and $\Delta^{18}O$ in Maize Grown Under Different Water Regimes, *Annals of Botany*, Vol. 104, No. 6, 2009, pp. 1207 – 1216; Williams D. G., Gempko V., Fravolini A., et al., "Carbon Isotope Discrimination by Sorghum Bicolor Under CO_2 Enrichment and Drought", *New Phytologist*, Vol. 150, No. 2, 2001, pp. 285 – 293.

主要以含氮有机物的形式贮存，一般可占总氮量的95%以上。这些含氮有机物包括蛋白质、腐殖质、氨基酸等，如果不经过分解，大多数含氮有机物是无法被植物直接利用的。土壤中的氮转化主要有五种方式：矿化/固定作用、水解作用、氨化作用、硝化作用、反硝化作用。

1. 矿化/固定作用

在土壤中，氮不断地从有机形式循环到无机形式，反之亦然。这种循环是由土壤动植物介导的，因此，影响土壤生物活性的因素对氮转化率有重要影响。土壤微生物生物量本身代表50千克/公顷—100千克/公顷数量级的土壤氮量。如前所述，大部分土壤氮素存在于土壤有机质中。有机氮由连续的有机物组成，可以稳定地防止被微生物物理分离或者与无机离子和粘土表面直接结合而产生的进一步降解。[1]

微生物将有机物质缓慢矿化为 NH_4^+，NH_4^+会被其他微生物进一步转化为 NO_3^-。这一过程称为矿化作用。另一方面，微生物可以同时使用 NH_4^+ 和 NO_3^- 来满足它们对氮的需求，完成对氮的固定。矿化/固定作用取决于腐殖化系数或有效有机质含量以及所掺入的有机材料中碳与氮的比率（C：N比）。当利用氮含量低（C：N比高）的有机材料时，微生物需要从土壤氮库中吸收额外的氮，从而导致植物可用氮降低。因此，向土壤中加入具有高C：N比的有机物质（例如谷物秸秆）会导致氮的固定化。当掺入低C：N比的有机物（例如动物排泄物或豆类残留物），微生物主要进行氮的矿化，为植物生长提供丰富氮源。一般将C：N比为25—30视为

① Hassink J.，"Effects of Soil Texture and Structure on Carbon Andnitrogen Mineralization in Grassland Soils"，*Biology and Fertility of Soils*，Vol. 14，1992，pp. 126 - 134.

固定化和矿化之间的临界范围。[①]

2. 水解作用

水解作用是蛋白质在微生物分泌的蛋白质水解酶的作用下，分解成氨基酸的过程，氨基酸大多数溶于水，可以直接被植物吸收利用，也可以进一步分解转化。

3. 氨化作用

氨化作用是分解含氮有机物产生氨的生物学过程。氨化也需要借助微生物的作用，不论土壤通气状况如何，只要微生物活动旺盛，就可以发生氨化作用。氨化作用产生的氨在土壤溶液中与酸作用产生铵盐，可以被植物直接吸收利用。此外，氨还可以以 NH_4^+ 的形式吸附在土壤胶粒上，避免淋滤作用造成的流失，或者进行硝化作用转化成硝酸，或者转化成 NH_3 逸入大气造成氮素的流失。

4. 硝化作用

硝化作用是氨态氮被微生物氧化成亚硝酸，再进一步氧化成硝酸的过程。硝化是一个两步过程。在第一步中，NH_4^+ 被自养细菌亚硝化单胞菌转化为亚硝酸盐（NO_2^-，+3 价）。第二步中自养细菌硝化细菌将 NO_2^- 转化为 NO_3^-。还有一些异养生物也可以进行硝化作用，但通常比自养细菌完成的速度要低得多。在硝化过程中，还会形成少量的一氧化二氮（N_2O，+1 价）和一氧化氮（NO，+2 价）。这两种化合物会对环境产生影响。

硝化过程是一个需要氧气的好氧过程。由于土壤水分会减少空气向土壤中的扩散，土壤的含水量对硝化速率有很大的影响。在 0kPa（饱和度）的水势下，土壤中几乎没有空气，由于缺氧会导致硝化作用停止。由于硝化作用是一种氧化作用，只有在土壤通

① Hofman G.，Van Cleemput O.，*Soil and Plant Nitrogen*，*International Fertilizer Industry Association*，Paris，2004，pp. 4 – 5.

气良好的情况下才能进行，因此需要对土壤进行翻耕、松土，以保持土壤疏通，才能有利于硝化作用顺利进行。硝化作用产生的硝酸与土壤中的盐基作用可以产生硝酸盐，直接被植物吸收，但NO_3^-不易被土壤胶粒吸附，容易随水淋失。

5. 反硝化作用

与硝化过程相反，反硝化是一个厌氧过程。反硝化作用是在缺氧条件下，微生物利用NO_2^-和NO_3^-作为呼吸作用的最终电子受体，还原成氮氧化物（NO、N_2O）和氮气（N_2）的过程。这些气态产物不适用于植物吸收，造成土壤氮素的流失，因而不利于植物生长。反硝化作用多发生在土壤通气不良的情况下，因此改善土壤通气状况，能抑制反硝化作用的进行。

（二）植物中的氮

根据氮的利用形式不同，可以将植物分为两大类：吸收大气N_2的固氮植物（例如豆科植物和某些草类，特别是苜蓿），以及仅利用其他形式可利用氮的非固氮植物。除了固氮植物利用大气中的氮气外，非固氮植物吸收的氮主要来自于土壤。因此，土壤氮库对植物氮同位素组成有重要影响。土壤中的氮由不同价态（从-3到+5）的含氮化合物组成，如NH_4^+、NO_3^-以及各种有机氮，含氮化合物不断发生各种转化，引起复杂的氮同位素分馏。此外，氮的输入和损失同样产生分馏效应，为氮同位素组成的解释增加了复杂性。土壤中的氮只有一小部分（在大多数情况下不到5%）可直接供植物利用，主要是硝态氮（NO_3^-）和铵态氮（NH_4^+），其余的有机氮需要通过矿化才能被植物所利用。大多数陆生植物的$\delta^{15}N$值在-6‰到+5‰的范围内。[①] 固定大气N_2的植物$\delta^{15}N$范围更受限制，约

① Fry B.，"Stable Isotope Diagrams of Fresh-water Food Webs"，*Ecology*，Vol. 72，1991，pp. 2293-2297.

为$-3‰$到$+1‰$之间,[①] 接近大气 N_2 的 $\delta^{15}N$ 值。

一般来说，干燥的植物材料含有1%—4%的氮，豆科植物的氮含量略高，约为5%。氮是作物生产中最重要的植物养分，是几乎所有植物结构的组成部分。氮作为植物营养素具有独特的地位，是叶绿素、酶、蛋白质等的重要组成元素。与其他必需营养素相比，氮刺激根系生长和作物发育以及其他养分的吸收，在植物生长过程中需求量非常大。因此，除了从大气中固定 N_2 的豆科植物外，植物通常对土壤中氮的添加反应迅速。

来自根吸收或通过 NO_3^- 同化产生的铵在植物体内被转化为谷氨酰胺和谷氨酸盐。一旦同化到这些产物中，氮可能会通过各种反应转移到许多其他有机化合物中。根吸收的硝酸盐在根或芽中被同化，这取决于 NO_3^- 可用性和植物的种类。硝酸盐通过硝酸还原酶在胞质溶胶中还原为 NO_2^-，然后通过亚硝酸还原酶在根质体或叶绿体中进一步还原为 NH_4^+。硝酸盐除了作为氨基酸和蛋白质合成所需的氮源外，主要储存在液泡中，具有一定非特异性的功能，如渗透剂。一般情况下，陆生植物吸收（同化）过程中的氮同位素分馏效应可忽略不计。[②] 在养分充足的条件下，植物对 ^{14}N 的优先吸收导致植物与土壤无机氮之间的分馏很小。

从理论上讲，植物更喜欢 NH_4^+ 而不是 NO_3^-，这是因为 NH_4^+ 在掺入植物化合物之前不需要被还原。在大多数排水良好的土壤中，

① Fogel M. L., Cifuentes L. A., *Isotope Fractionation During Primary Production*, In: Organic Geochemistry (Eds EngelM. H., MackoS. A.), Plenum Press, New York, 1993, pp. 73－94.

② Nadelhoffer K. J., Fry B., *Nitrogen Isotope Studies in Forest Ecosystems*, In: Stable Isotopes in Ecology and Environmental Science (Eds Lajtha K., Michener R. M.), Blackwell Scientific Publishers, Oxford, 1994, pp. 22－44; Högberg P., "^{15}N Natural Abundance in Soil-plant Systems", *New Phytologist*, Vol. 137, 1997, pp. 179－203.

NH_4^+的氧化速度很快，因此，NO_3^-通常在土壤中的浓度高于NH_4^+。此外，NO_3^-通过土壤相对更容易移动，有利于植物对其的吸收。因此，大多数植物已经进化为在使用NO_3^-时生长得更好。并且许多研究表明，混合供应NH_4^+和NO_3^-可以促进植物生长。需要指出的是，水稻必须有NH_4^+的供应，因为NO_3^-在水田中不稳定。

除了固氮植物吸收利用大气中的氮气外，其他植物的氮同位素主要受土壤环境影响。在微生物的参与下，土壤中的氮（硝酸盐、铵盐等）在一系列氮的转化过程（氨化、硝化、反硝化、挥发等）中会发生同位素分馏效应。动物性肥料添加到土壤中，微生物活动加剧，在一系列反应后^{14}N优先挥发，增加了土壤中^{15}N的富集，富含^{15}N的铵盐转化为硝酸盐被植物吸收，最终带来植物$\delta^{15}N$值的提高，这是施有机肥引起植物氮同位素值升高的原因。虽然多种自然环境因素（温度、水分胁迫、盐度等）会影响植物的氮同位素值，但是与自然因素相比，施加有机肥会极大地提高植物的氮同位素值（2.6‰—8.0‰），① 因此可以通过较高的氮同位素值将人工施肥与其他自然因素区分开来。

在植被—土壤系统中，许多因素会对$\delta^{15}N$产生影响，从而使植物$\delta^{15}N$的解释变得复杂。尽管如此，追踪植被—土壤系统中^{15}N的常用模型仍然建立起来（图2），土壤中任何有利于土壤氮流失的途径均会导致留下来的物质富集更高$\delta^{15}N$，也会带来生长在其中的植物组分拥有更高的$\delta^{15}N$。特定的环境因素可以增加氮流失，如降水有利于硝酸盐的渗出，高温增加氨的挥发等。但是，这些因素最终

---

① Bogaard A., Heaton T. H. E., Poulton P., Merbach I., "The Impact of Manuring on Nitrogen Isotope Ratios in Cereals: Archaeological Implications for Reconstruction of Diet and Crop Management Practices", *Journal of Archaeological Science*, Vol. 34, No. 3, 2007, pp. 335 - 343.

会被氮过量（氮投入超过植物需量）所掩盖——当土壤中投入高 $\delta^{15}N$ 物质，植物 $\delta^{15}N$ 主要受高 $\delta^{15}N$ 物质的影响，其他因素的影响相对较小。因此，土壤和植物中的 $\delta^{15}N$ 经常与植物可获取的氮量有关。此外，微生物分解过程会带来 $\delta^{15}N$ 的升高，最终，有机来源的氮将会比无机化肥以及豆科植物所固定的大气来源的氮富集更高的 $\delta^{15}N$。

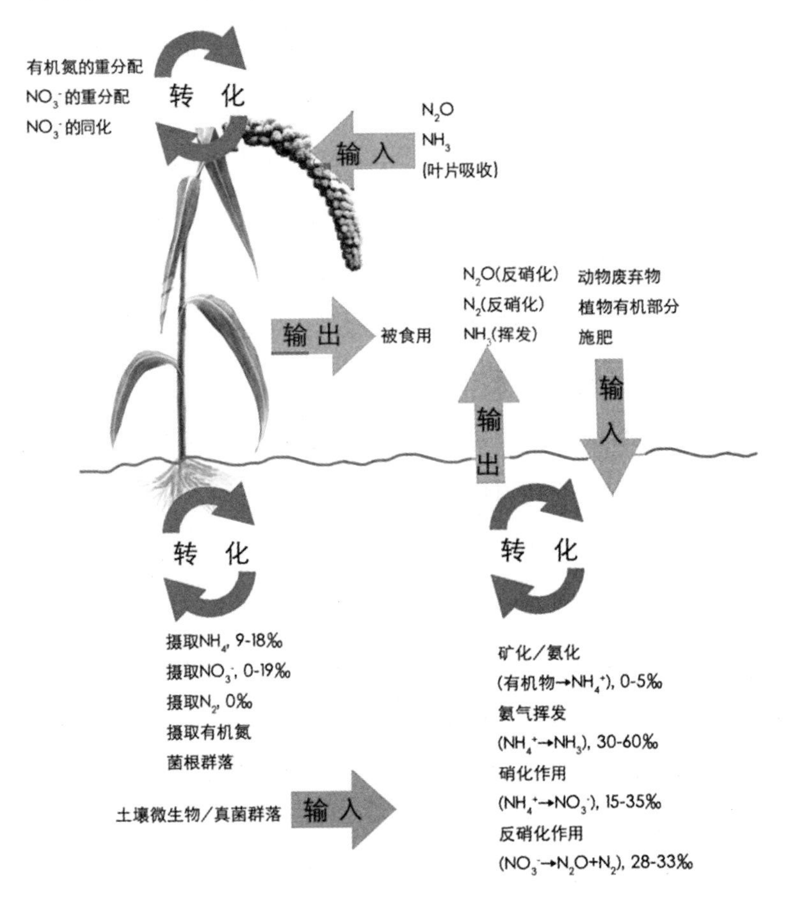

图 2 植被—土壤系统氮循环的概括模型（改绘自 Szpak①）

① Szpak P.，“Complexities of Nitrogen Isotope Biogeochemistry in Plant-soil Systems: Implications for the Study of Ancient Agricultural and Animal Management Practices”，*Frontiers in Plant Science*，Vol. 5，2014，p. 288.

许多因素在不同程度上影响植物氮同位素组成。从植物自身来看，氮同位素组成主要由以下几个方面决定：所获取的氮的类型（NO_3^-、NH_4^+、N_2 等）；氮获取的方式（如直接吸收土壤中的氮、吸收共生微生物的产物）；吸收氮的部位（根或芽）；氮最终分配的部位（叶、茎、果实等）。从整个生态系统来看，氮同位素组成主要是与植物的功能类型（菌根）①、气候②、营养状况③等因素有关。相关研究表明，叶片 $\delta^{15}N$ 值与年平均降水量呈现负相关，④ 干旱地区生长的植物比湿润地区表现出更高的 $\delta^{15}N$。此外，叶片 $\delta^{15}N$ 值与当地气温呈现正相关，温暖环境中的植物有着更高的 $\delta^{15}N$ 值，然而，当温度低于 0.5°C 时这一关系将变得不明显。⑤ 这种相关性是由于干热环境驱使更多的氮流失，而

---

① Craine J. M., Elmore A. J., Aidar M. P., et al., "Global Patterns of Foliar Nitrogen Isotopes and Their Relationships with Climate, Mycorrhizal Fungi, Foliar Nutrient Concentrations, and Nitrogen Availability", *New Phytologist*, Vol. 183, No. 4, 2009, pp. 980 – 992; Hobbie E. A., Högberg P., "Nitrogen Isotopes Link Mycorrhizal Fungi and Plants to Nitrogen Dynamics", *New Phytologist*, Vol. 196, No. 2, 2012, pp. 367 – 382.

② Amundson R., Austin A. T., Schuur E. A., et al., "Global Patterns of the Isotopic Composition of Soil and Plant Nitrogen", *Global Biogeochemical Cycles*, Vol. 17, No. 1, 2003; Austin A. T., Vitousek P., "Nutrient Dynamics on a Precipitation Gradient in Hawai'i", *Oecologia*, Vol. 113, No. 4, 1998, pp. 519 – 529; Handley L., Austin A., Stewart G., et al., "The ^{15}N Natural Abundance ($\delta^{15}N$) of Ecosystem Samples Reflects Measures of Water Availability", *Functional Plant Biology*, Vol. 26, No. 2, 1999, pp. 185 – 199.

③ Stock W., Wienand K., Baker A., "Impacts of Invading N_2-fixing Acacia Species on Patterns of Nutrient Cycling in Two Cape Ecosystems: Evidence from Soil Incubation Studies and ^{15}N Natural Abundance Values", *Oecologia*, Vol. 101, No. 3, 1995, pp. 375 – 382.

④ Amundson R., Austin A. T., Schuur E. A., et al., "Global Patterns of the Isotopic Composition of Soil and Plant Nitrogen", *Global Biogeochemical Cycles*, Vol. 17, No. 1, 2003; McLauchlan K. K., Craine J. M., Oswald W. W., et al., "Changes in Nitrogen Cycling During the Past Century in a Northern Hardwood Forest", *Proceedings of the National Academy of Sciences*, Vol. 104, No. 18, 2007, pp. 7466 – 7470.

⑤ Craine J. M., Elmore A. J., Aidar M. P., et al., "Global Patterns of Foliar Nitrogen Isotopes and Their Relationships with Climate, Mycorrhizal Fungi, Foliar Nutrient Concentrations, and Nitrogen Availability", *New Phytologist*, Vol. 183, No. 4, 2009, pp. 980 – 992.

湿冷环境驱使氮的保存和循环。[①] 因为与氮流失相关的生物地球化学反应，例如 NH_3 的挥发和反硝化过程伴随着大量的分馏，使得土壤剩余的氮富集更多的 ^{15}N，这些反应促使整个生态系统 $\delta^{15}N$ 值的升高。叶片 $\delta^{15}N$ 值因此可以作为地区间、大陆间乃至整个地球范围氮循环的变化指标。[②]

（三）农田管理对氮同位素组成的影响

在大多数生态系统中，氮通过植物吸收由土壤移动到植物，然后植物（残体）通过微生物分解返回土壤。这个氮循环过程基本是封闭的，即氮投入与氮损失处于平衡状态。然而，在农业生态系统中，收获农产品导致大量氮的流出，氮循环的平衡因而受到干扰。自然状态下的所有土壤都缺乏作物生长所需的氮。如果作物在没有补充养分的情况下种植和收获，土壤养分枯竭和作物产量下降是不可避免的。因此，氮肥的使用可以有效补充土壤的氮含量，对于保持和提高土壤生产力至关重要。在过去的 50 年中，增加氮肥的使用和更好地管理是全球粮食产量大幅度增加的主要原因。[③]

自古以来，通过对农田的人工管理来提高农田产量一直是农业

---

① Handley L., Austin A., Stewart G., et al., "The ^{15}N Natural Abundance ($\delta^{15}N$) of Ecosystem Samples Reflects Measures of Water Availability", *Functional Plant Biology*, Vol. 26, No. 2, 1999, pp. 185 – 199.

② Amundson R., Austin A. T., Schuur E. A., et al., "Global Patterns of the Isotopic Composition of Soil and Plant Nitrogen", *Global Biogeochemical Cycles*, Vol. 17, No. 1, 2003; Austin A. T., Vitousek P., "Nutrient Dynamics on a Precipitation Gradient in Hawai'i", *Oecologia*, Vol. 113, No. 4, 1998, pp. 519 – 529; McLauchlan K. K., Craine J. M., Oswald W. W., et al., "Changes in Nitrogen Cycling During the Past Century in a Northern Hardwood Forest", *Proceedings of the National Academy of Sciences*, Vol. 104, No. 18, 2007, pp. 7466 – 7470.

③ Smil V., *Enriching the Earth: Fritz Haber, Carl Bosch, and the Transformation of World Food Production*, The MIT Press, Cambridge, MS, London, 2001.

生产关键的一环。农田管理可以通过改变土壤成分、结构等改变植物、土壤的氮同位素组成。这里主要讨论三种农田管理方式——施肥（动物肥料）、燃烧秸秆、耕作，及其可能会对植物、土壤氮同位素组成造成的影响。

1. 动物粪肥

向土壤中添加的氮肥可分为无机氮肥（化肥）和有机氮肥（动物粪肥、植物堆肥等）。无机氮肥是工业革命后的技术产物，因此，工业革命之前的氮肥主要是有机肥。植物性的堆肥虽然会带来土壤氮同位素组成的改变，但是不会像动物粪肥那样引起 $\delta^{15}N$ 值的极大提高。因此，基于本书的研究内容，接下来只讨论动物粪肥的影响，并且本书中出现的施肥如果不作说明也指的是施加动物粪肥。

土壤肥力的保持是农业社会最为重要的保障。使用动物粪便作为肥料的主要来源在世界范围内都有悠久的历史。[①] 在史前社会，使用动物性肥料的考古发现并不明确，即使在考古遗址中发现动物粪便的证据，也不能作为施肥的直接证据。氮是动物粪便施加到土壤中最为重要的营养物，加剧了土壤微生物的活动，从而引发同位素分馏，并且，动物粪便的氮稳定同位素组成本身就高于土壤原本的氮同位素，因此，植物氮稳定同位素组成将极大地受到施肥作用的改变。

施肥对植物 $\delta^{15}N$ 值的影响取决于肥料类型、施肥量以及施肥持续时间。对于已研究的动物肥料来说，^{15}N 富集程度如下：家

---

① Jones R.，"Manure Matters：Historical，Archaeological and Ethnographic Perspectives"，*Ashgate Publishing*，Ltd. 2012.

禽≤牛≤猪≤海鸟。[①] 一般来说，肥料的 $\delta^{15}N$ 值越高，受到施肥的植物的 $\delta^{15}N$ 值也就越高。然而，需要注意的是，肥料带来的新的氮源的投入并非是影响土壤和植物 $\delta^{15}N$ 值的唯一因素，肥料可获取的氮化物、施肥效率和肥效持续时间以及植物氮获取水平的种间差异等都会对植物最终 $\delta^{15}N$ 值产生一定的影响。某种肥料对植物氮同位素组成的影响程度主要取决于这一肥料氮转化以及输出的能力，因为这些反应在某些情况下对 ^{15}N 的分馏非常明显。比如，猪粪的 $\delta^{15}N$ 值明显高于牛粪，因而植物从猪粪中获取的矿化氮高于从牛粪中所获取的。[②] 矿化氮是在土壤微生物作用下，土壤有机态氮经矿化作用转化为易被植物利用的无机态氮。Eghball 等人指出，经过一年的施肥，植物可以从猪粪中得到 75%—90% 的氮，而从牛粪中得到的氮只有 20%—40%。[③]

哺乳动物尿的氮同位素组成比摄入的食物低约 2.5‰，而粪便比食物富集 2.0‰。但是，动物肥料的 $\delta^{15}N$ 值并不符合食物—粪便或者食物—尿液的同位素分馏效应，动物肥料的 $\delta^{15}N$ 值往往高于预期值。这是由于动物肥料在动物排泄、粪便收集、堆肥、储存以及施肥后的分解过程中会发生一系列重要的化学反

---

① Choi W. J., Lee S. M., Ro H. M., et al., "Natural ^{15}N Abundances of Maize and Soil Amended with Urea and Composted Pig Manure", *Plant and Soil*, Vol. 245, No. 2, 2002, pp. 223–232; Szpak P., "Complexities of Nitrogen Isotope Biogeochemistry in Plant-soil Systems: Implications for the Study of Ancient Agricultural and Animal Management Practices", *Frontiers in Plant Science*, Vol. 5, 2014, p. 288; Watzka M., Buchgraber K., Wanek W., "Natural ^{15}N Abundance of Plants and Soils Under Different Management Practices in a Montane Grassland", *Soil Biology and Biochemistry*, Vol. 38, No. 7, 2006, pp. 1564–1576.

② Bateman A. S., Kelly S. D., "Fertilizer Nitrogen Isotope Signatures", *Isotopes in Environmental and Health Studies*, Vol. 43, No. 3, 2007, pp. 237–247.

③ Eghball B., Wienhold B. J., Gilley J. E., Eigenberg R. A., "Mineralization of Manure Nutrients", *Journal of Soil and Water Conservation*, Vol. 57, No. 6, 2002, pp. 470–473.

应，这些化学反应包括：氨化、固化、硝化、反硝化、氨挥发、淋溶等。[①] 氨挥发和反硝化是肥料储存过程中最为常见的反应，并且带来 10%—40% 氮的消耗。[②] 因此，肥料在堆肥和储存过程中 $\delta^{15}N$ 值会有显著的提高。[③]

尽管学术界很早就认识到动物肥料对植被—土壤系统 $\delta^{15}N$ 值的影响，然而，直到 2007 年，Bogaard 等人对植物氮同位素组成的工作，才使得考古工作者开始关注动物肥料对植物乃至人类 $\delta^{15}N$ 值的潜在影响。[④] 对施肥作用的重新思考同样为考古学研究带来了一定的难题，这一难题出现在对于人的 $\delta^{15}N$ 值的解释中。考虑到 ^{15}N 在营养级之间的富集效应，食草动物 $\delta^{15}N$ 值应当比所食用的植物高 3‰—5‰。依据这一关系，往往通过食草动物的 $\delta^{15}N$ 值直接推算农作物的 $\delta^{15}N$ 值。如果这些农作物经过了施肥，它们的 $\delta^{15}N$ 值将会与动物 $\delta^{15}N$ 值有一定的交汇，由此动物蛋白和植物蛋白对食谱的贡献就会变得没那么清晰。因此，通过人骨胶原蛋白 $\delta^{15}N$ 值将很难判断和区分陆生食草动物、施肥农作物的消费。这时，对农作物本身进行稳定同位素分析的重要性就凸显出来。

---

① Petersen S. O., Lind A. M., Sommer S. G., "Nitrogen and Organic Matter Losses During Storage of Cattle and Pig Manure", *The Journal of Agricultural Science*, Vol. 130, No. 1, 1998, pp. 69 – 79.

② Kirchmann H., "Losses, Plant Uptake and Utilisation of Manure Nitrogen During a Production Cycle, Acta Psychiatrica Scandinavica", *Supplementum*, Vol. 24, 1985, pp. 1 – 77.

③ Choi W. J., Chang S. X., Kwak J. H., et al., "Nitrogen Transformations and Ammonia Volatilization Losses from ^{15}N-urea as Affected by the Co-application of Composted Pig Manure", *Canadian Journal of Soil Science*, Vol. 87, No. 5, 2007, pp. 485 – 493.

④ Bogaard A., Heaton T. H. E., Poulton P., Merbach I., "The Impact of Manuring on Nitrogen Isotope Ratios in Cereals: Archaeological Implications for Reconstruction of Diet and Crop Management Practices", *Journal of Archaeological Science*, Vol. 34, No. 3, 2007, pp. 335 – 343.

2. 刀耕火种

刀耕火种（swiddening）是史前人类社会讨论最多的一种农田管理方式。主要通过燃烧的方式清除地表植被后播种农作物，直到土壤肥力完全耗尽后停止耕种，等到地力恢复后继续重复耕种。刀耕火种是世界许多地区史前农业一种重要的耕作方式，至今仍被温热带地区的一些土著居民所保留。很多研究讨论了焚烧植被对于土壤、植物氮同位素组成的潜在影响，但是研究中的这一影响并非直接来自刀耕火种，并且，研究对象多局限于发生森林火灾的土壤，而森林土壤并没有在焚烧后种植农作物。尽管如此，仍然可以尝试推演焚烧后土壤的氮循环机制。

在焚烧清理土地的过程中，会带来营养物质分布和循环的改变，焚烧中产生的灰烬富含磷和其他矿物成分，如钾、钙、镁，并且，随着挥发碳、氮会大量损失掉。[①] 除了直接产生的营养物质，炭化的有机成分也可以促使土壤营养物质的保留。虽然燃烧导致氮的大量流失，土壤矿化氮素（尤其是 NH_4^+）在燃烧后会有显著升高。对其解释主要有三种：1. 燃烧后的植物直接提供了氮，然而这一可能并没有太多证据证明，因为草木灰本身氮含量非常低。2. 燃烧过程温度升高促进了土壤中有机氮的矿化。[②] 3. 草木灰导致土壤 PH 升高，有利于提高微生物的活性。[③] 外来的矿化氮进入燃烧后的土壤会带来土壤氮库氮同位素组成的显著改变，进而影响

---

① Juo A. S., Manu A., "Chemical Dynamics in Slash-and-burn Agriculture", *Agriculture, Ecosystems & Environment*, Vol. 58, No. 1, 1996, pp. 49 – 60.

② Klopatek J., Klopatek C. C., DeBano L., "Potential Variation of Nitrogen Transformations in Pinyon-juniper Ecosystems Resulting from Burning", *Biology and Fertility of Soils*, Vol. 10, No. 1, 1990, pp. 35 – 44.

③ Grogan P., Burns T., Chapin Iii F., "Fire Effects on Ecosystem Nitrogen Cycling in a Californian Bishop Pine Forest", *Oecologia*, Vol. 122, No. 4, 2000, pp. 537 – 544.

到植物 $\delta^{15}N$ 值。因此，探讨这一机制对于土壤—植被 $\delta^{15}N$ 值非常重要。至于燃烧植被产生的有机物，燃烧所产生灰烬的氮同位素组成会受到燃烧持续时间和强度的影响，如果燃烧温度过高，几乎所有的氮会以气体形式损失掉，分馏的可能性非常低。① 相反，在较低的温度下，燃烧主要形成了炭化的有机物质而不是灰烬，发生同位素分馏的可能性非常大，炭化物会比未燃烧的植物富集更多的 ^{15}N。因此，当植物富含较多的氮并且燃烧程度较低时，燃烧产生的有机物矿化后会为土壤氮素带来更多的 ^{15}N。

燃烧会提高植物 $\delta^{15}N$ 值的解释主要有两种。一种解释是，有机物的燃烧可能导致分馏，留下富含 ^{15}N 的有机成分。这些有机成分在土壤中经过矿化产生 NH_4^+ 并被植物吸收。硝化过程会优先消耗 ^{14}N，导致 NH_4^+ 富集更多的 ^{15}N，主要吸收这些 NH_4^+ 的植物就会表现出较高的 $\delta^{15}N$ 值。此外，虽然 NH_4^+ 和 NO_3^- 都具有极强的可溶性，NH_4^+ 对有机物和矿物具有更强的吸附力，因此不容易在淋滤作用下流失，因而可以为土壤氮库持续补充 ^{15}N。② 第二种解释主要侧重燃烧后土壤不同深度可获取的有机物有所不同。③ 大火消耗了地表的有机物，导致其 ^{15}N 比更深的地层降低，尤其是森林土壤。大火过后，植物依赖更深地层的富集 ^{15}N 的矿化氮，导致植物组织富集更多的 ^{15}N。不过当植被得以重建后，植物 $\delta^{15}N$ 值会逐渐

---

① Sadori L., Giardini M., "Charcoal Analysis, a Method to Study Vegetation and Climate of the Holocene: The Case of Lago Di Pergusa (Sicily, Italy)", *Geobios*, Vol. 40, No. 2, 2007, pp. 173 – 180.

② Johnson B. G., Johnson D. W., Chambers J. C., Blank R. R., "Fire Effects on the Mobilization and Uptake of Nitrogen by Cheatgrass (*Bromus Tectorum* L.)", *Plant and Soil*, Vol. 341, No. 1, 2011, pp. 437 – 445.

③ Hogberg P., "^{15}N Natural Abundance in Soil-plant Systems", *New Phytol*, Vol. 137, No. 2, 1997, pp. 179 – 203.

恢复到大火前的水平。

燃烧对 $\delta^{15}N$ 值的影响程度在不同地区、不同研究中有很大差异，有的对植物 $\delta^{15}N$ 值的影响甚至超过了施肥作用。刀耕火种这一耕作方式对作物 $\delta^{15}N$ 值的潜在影响仍然需要更多的研究。尽管燃烧对于作物 $\delta^{15}N$ 值的影响会在若干年后减弱，但是采用刀耕火种轮耕的方式一般周期较短（1 年—5 年），仍然可能会对植物 $\delta^{15}N$ 值产生较为明显的改变。①

3. 耕作

耕作也是一种重要的农田管理方式，在没有家畜牵引犁进行耕地之前，人工锄耕很可能已经是全球范围内栽培农业的重要组成部分。耕地可以打散大块的土壤，增加孔隙，将深层的土壤翻动到地表。除了可以将矿化的营养物直接带到地表，耕地还可以促进有机物的矿化。不同土壤深度 $\delta^{15}N$ 值往往有很大的不同，因此翻耕很可能带来氮同位素组成的改变。森林、草原、冻原、牧场等不同植被类型的土壤 $\delta^{15}N$ 值均会随土壤深度增加而增高。② 虽然深层的土壤 $\delta^{15}N$ 值高于浅层土壤，但是一般情况下 $\delta^{15}N$ 值会在一定深度（如 20cm）达到最大值。③ 然而，$\delta^{15}N$ 值随土壤深度升高这一规律并没有在农田环境中得到证实。通过翻耕使得氮在土壤中重新分布，打乱了与深度相关的 $\delta^{15}N$ 值变化

① Bogaard A., "Questioning the Relevance of Shifting Cultivation to Neolithic Farming in the Loess Belt of Europe: Evidence from the Hambach Forest Experiment", *Vegetation History and Archaeobotany*, Vol. 11, No. 1, 2002, pp. 155 – 168.

② Szpak P., "Complexities of Nitrogen Isotope Biogeochemistry in Plant-soil Systems: Implications for the Study of Ancient Agricultural and Animal Management Practices", *Frontiers in Plant Science*, Vol. 5, 2014, p. 288.

③ Hobbie E. A., Ouimette A. P., "Controls of Nitrogen Isotope Patterns in Soil Profiles", *Biogeochemistry*, Vol. 95, No. 2, 2009, pp. 355 – 371.

规律，尤其是富含^{15}N的深层土壤暴露在地表，引起生长在其中的植物δ^{15}N值高于未翻耕土壤中生长的植物。但是，这里仍然存在几个问题。

首先，植物在地表形成一层低^{15}N的残落物只发生在特定的环境中，而对于农田来说，大部分地面以上的植物会在收获时收割掉，并且翻耕也会使土壤进行重新分布。因此，像森林环境中，土壤δ^{15}N的大幅度跳跃，很难在农田中发生。[①] 其次，菌根群落，尤其是丛枝菌根，是农田系统的重要组成。大部分作物会形成菌根群落，其中，丛枝菌根对农田产生显著影响。而温带森林中，对土壤不同深度δ^{15}N值产生显著影响的是外生菌根。外生菌根对^{15}N的富集高于丛枝菌根，因此，相比丛枝菌根，外生菌根会对土壤不同深度δ^{15}N值造成更显著的变化。此外，通过施肥向农田输入大量的氮和磷，也会抑制菌根的扩增。[②] 并且，翻耕也会降低菌根扩增，减少农田菌根菌落数量。因此，从菌根角度来看，农田环境中土壤δ^{15}N值的变化并没有森林环境明显。[③]

由此可见，农田中δ^{15}N值随土壤深度的变化，很可能并没有森林环境那么明显，δ^{15}N值随深度的这一变化在农田中很可能并不存在，从而降低了翻耕造成土壤δ^{15}N值变化的可能性。虽然翻

---

① Hogberg P.，"^{15}N Natural Abundance in Soil-plant Systems"，*New Phytol*，Vol. 137，No. 2，1997，pp. 179 – 203.

② Tiessen H.，Karamanos R.，Stewart J.，Selles F.，"Natural Nitrogen-15 Abundance as an Indicator of Soil Organic Matter Transformations in Native and Cultivated Soils"，*Soil Science Society of America Journal*，Vol. 48，No. 2，1984，pp. 312 – 315.

③ Hobbie E. A.，Högberg P.，"Nitrogen Isotopes Link Mycorrhizal Fungi and Plants to Nitrogen Dynamics"，*New Phytologist*，Vol. 196，No. 2，2012，pp. 367 – 382；Hobbie E. A.，Ouimette A. P.，"Controls of Nitrogen Isotope Patterns in Soil Profiles"，*Biogeochemistry*，Vol. 95，No. 2，2009，pp. 355 – 371.

耕可以增加土壤的孔隙度，抑制反硝化作用引起的土壤氮损失，但是翻耕可能不会带来古代植物氮同位素组成的显著变化，尤其是与施肥相比。

第二节 炭化对植物稳定同位素组成的影响

植物稳定同位素样品主要分现代样品和考古样品，材料主要是以植物种子、秸秆、叶片为主，现代样品主要来自现代种植实验，为考古发现的植物遗存提供参考。通过测定特定条件下生长的植物的碳、氮稳定同位素组成，建立植物稳定同位素模型，如碳稳定同位素与植物水分利用状况的关系模型、氮稳定同位素与有机肥施肥量的关系模型。考古样品主要来自考古发掘，除了少数特殊的保存条件（脱水、饱水条件），考古遗址中出土的植物遗存一般以炭化的形式保存至今，并以炭化植物种子为主。虽然炭化有利于保存植物遗存，但是炭化过程发生了复杂的化学变化，可能会带来植物稳定同位素组成的改变。在利用植物遗存进行稳定同位素分析，复原古代环境、农田管理等信息之前，首先需要判别炭化对植物稳定同位素组成的影响。

不少学者都对炭化过程稳定同位素变化进行了研究，DeNiro和同事最早对植物遗存进行稳定同位素分析，[①] 他们分析了不同炭化温度处理对几种植物的种子和其他组分的影响。据此得出的结论是，炭化对植物 $\delta^{13}C$、$\delta^{15}N$ 值的变化可以忽略不计。许多学者

① DeNiro M. J., Hastorf C. A., "Alteration of $^{15}N/^{14}N$ and $^{13}C/^{12}C$ Ratios of Plant Matter During the Initial Stages of Diagenesis: Studies Utilizing Archaeological Specimens from Peru", *Geochimica et Cosmochimica Acta*, Vol. 49, No. 1, 1985, pp. 97 – 115.

进一步研究表明，在一系列温度和实验条件下，小麦、大麦、小米、豆类等作物的 $\delta^{13}C$、$\delta^{15}N$ 值不会随着炭化而显著变化。① 相反，Poole 等人发现，豌豆的 $\delta^{13}C$、$\delta^{15}N$ 值变化没有表现出规律性，② 并且 Filipović等人报告了樱桃果核在炭化过程中存在碳同位素的富集。③ 正如 Nitsch 等人④指出的那样，植物 $\delta^{13}C$、$\delta^{15}N$ 值受炭化的影响，仅在适度炭化条件下才有意义，只有这样的条件下，植物遗存才能在考古环境中得以保存。在更恶劣的条件下，植物遗存变得太脆而无法在沉积过程中保存下来，或者形变太大而无法被识别。Nitsch 等人的实验考虑了多种谷物和豆类，并在防止强烈变形的炭化范围内得出结论：由于炭化造成的 $\delta^{13}C$、$\delta^{15}N$ 值的显著偏移量分别为 +0.11%、+0.31‰，这种偏移在同位素质谱仪分析误差允许的范围内，因此在研究中几乎可以忽略不计。总

---

① Aguilera M., Araus J. L., Voltas J., et al., "Stable Carbon and Nitrogen Isotopes and Quality Traits of Fossil Cereal Grains Provide Clues on Sustainability at the Beginnings of Mediterranean Agriculture", *Rapid Communications in Mass Spectrometry*, Vol. 22, No. 11, 2008, pp. 1653 - 1663; Araus J. L., Reynolds M. P., Acevedo E., "Leaf Posture, Grain Yield, Growth, Leaf Structure, and Carbon Isotope Discrimination in Wheat", *Crop Science*, Vol. 33, No. 6, 1993, pp. 1273 - 1279; Fraser R. A., Bogaard A., Charles M., et al., "Assessing Natural Variation and the Effects of Charring, Burial and Pre-treatment on the Stable Carbon and Nitrogen Isotope Values of Archaeobotanical Cereals and Pulses", *Journal of Archaeological Science*, Vol. 40, No. 12, 2013, pp. 4754 - 4766; Kanstrup M., Thomsen I. K., Mikkelsen P. H., Christensen B. T., "Impact of Charring on Cereal Grain Characteristics: Linking Prehistoric Manuring Practice to $\delta^{15}N$ in Archaeobotanical Material", *Journal of Archaeological Science*, Vol. 39, No. 7, 2012, pp. 2533 - 2540.

② Poole I., Braadbaart F., Boon J. J., van Bergen P. F., "Stable Carbon Isotope Changes During Artificial Charring of Propagules", *Organic Geochemistry*, Vol. 33, No. 12, 2002, pp. 1675 - 1681.

③ Filipović D., Gašić U., Stevanović N., et al., "Carbon Stable Isotope Composition of Modern and Archaeological Cornelian Cherry Fruit Stones: A Pilot Study", *Isotopes in Environmental and Health Studies*, Vol. 54, No. 4, 2018, pp. 337 - 351.

④ Nitsch E. K., Charles M., Bogaard A., "Calculating a Statistically Robust $\delta^{13}C$ and $\delta^{15}N$ Offset for Charred Cereal and Pulse Seeds", *STAR: Science & Technology of Archaeological Research*, Vol. 1, No. 1, 2015, pp. 1 - 8.

之，至少对于大多数常见的谷物和豆类而言，没有明确的证据表明，炭化会导致$\delta^{13}C$、$\delta^{15}N$值发生系统性变化。

Strying 等人的研究主要是从炭化机理方面对炭化过程进行了解释。① 通过对不同炭化时间的样品进行成分分析发现，2—4 小时内，红外吸收峰变化最大的是 C—O 键，主要是由于淀粉和蛋白质发生了缩合反应，失去大量结合水；四小时后，出现的一些峰代表芳香族化合物的生成。同步辐射谱图同样显示了这一时间段芳香族化合物的生成。由此可以得出，在炭化过程中，植物种子中的淀粉和蛋白质发生缩合反应，生成了大分子的物质，这些物质多为高聚态，结构更为稳定，使得碳、氮能够更好地保存下来。

杨青、董惟妙两位学者对粟、黍开展了相关研究。② 杨青认为，300 摄氏度下，炭化并不会带来粟、黍 $\delta^{13}C$ 值的显著变化。影响 $\delta^{13}C$ 值的因素主要有：谷物的含碳物质如淀粉、木质素、脂质以及所含成分对加热的耐受程度。谷物炭化过程中与分馏相关的 $\delta^{13}C$ 值只有 0.2‰的改变，远小于木炭的分馏值，因此，相比木炭，炭化谷物可以作为重建古环境和考古情景的有效指标。董惟妙的研究同样发现，粟的稳定同位素值在炭化过程中并没有发生改变，但她认为黍的 $\delta^{13}C$、$\delta^{15}N$ 值变化并没有表现出同样的规律。

除了炭化植物遗存外，在考古遗址中还会遇到饱水或干燥环境中未经炭化保存下来的植物遗存，对这类植物遗存是否可以用于

---

① Styring A. K., Manning H., Fraser R. A., et al., "The Effect of Charring and Burial on the Biochemical Composition of Cereal Grains: Investigating the Integrity of Archaeological Plant Material", *Journal of Archaeological Science*, Vol. 40, No. 12, 2013, pp. 4767 – 4779.

② 董惟妙：《黄土高原现代粟、黍样品碳氮稳定同位素组成及炭化对同位素分馏的影响》，硕士学位论文，兰州大学，2012 年；Yang Q., Li X. Q., Liu W. G., et al., "Carbon Isotope Fractionation During Low Temperature Carbonization of Foxtail and Common Millets", *Organic Geochemistry*, Vol. 42, No. 7, 2011, pp. 713 – 719.

稳定同位素的测定、分析，也有学者进行了一定的讨论。最早在1985年，DeNiro和Hastorf两位学者就对考古植物遗存进行了稳定同位素分析，[①] 这项开创性工作的主要发现之一是，炭化植物产生的碳、氮稳定同位素组成与现代植物相当，而经过干燥保存下来的植物遗存产生的$\delta^{15}N$值则异常偏高，多数介于10‰—20‰，有的高达46‰。虽然无法确定导致未炭化植物遗存氮同位素值升高的具体机制，但研究者推测这些植物遗存在埋藏后发生了某种改变。在炭化过程中，有机物经过一定的转化，生成的炭化物化学性质更加稳定，因此，炭化植物遗存在埋藏过程中不易受外界环境影响，稳定同位素值不易发生改变。这一结果暗示出，只有经过炭化，植物遗存才能得到可信的稳定同位素值，使得之后绝大多数对植物遗存的稳定同位素研究，倾向于选择炭化植物遗存来作为研究材料。然而，有学者检视了DeNiro和Hastorf的这项研究，[②] 认为该研究中所分析的未炭化植物遗存来自干旱的近海环境，受到干旱和海鸟粪便的影响，植物本身就有着较高的氮同位素值。此外，通过选取更加合适的对比样品分析认为，未经炭化的植物遗存的稳定同位素值在一些情况下也是可靠的。

目前，对植物遗存炭化形成的原因和条件尚不够清楚，炭化过程对植物稳定同位素组成的影响以及埋藏过程对植物遗存（炭化和未炭化）的影响仍需要开展更多工作。在选择未炭化植物遗存

---

① DeNiro M. J., Hastorf C. A., "Alteration of $^{15}N/^{14}N$ and $^{13}C/^{12}C$ Ratios of Plant Matter During the Initial Stages of Diagenesis: Studies Utilizing Archaeological Specimens from Peru", *Geochimica et Cosmochimica Acta*, Vol. 49, No. 1, 1985, pp. 97 – 115.

② Szpak P., Chiou K. L., "A Comparison of Nitrogen Isotope Compositions of Charred and Desiccated Botanical Remains from Northern Peru", *Vegetation History and Archaeobotany*, Vol. 29, No. 5, 2020, pp. 527 – 538.

进行稳定同位素分析时，必须考虑到埋藏过程对植物遗存带来的稳定同位素组成的改变。

第三节　稳定同位素样品处理方法

考古炭化植物样品在埋藏过程中受到埋藏土壤的影响，会带来碳、氮稳定同位素组成的改变。因此，在对考古炭化样品进行稳定同位素分析前，需要对样品污染情况进行判定，并通过一定的前处理方法对污染物进行去除。

土壤对炭化植物的主要污染物有三种：碳酸盐、硝酸盐、腐殖酸。碳酸盐、硝酸盐以多种形式存在于土壤中，容易被埋藏在其中的炭化植物吸附。腐殖酸是一种黑色、亲水性、成分复杂的高分子有机物，能够溶于碱性溶液。腐殖酸的易溶性使得它们在土壤中具有更高的流动性，因而更容易成为埋藏样品的污染物。

作为有机物（如植物）结构组织的降解产物，腐殖酸广泛存在于土壤中，红外分析表明，它们在结构、组成上以多种形式存在。评估腐殖酸对埋藏植物样品稳定同位素组成的影响非常复杂，因为腐殖酸很可能就是植物样品自身的降解产物，有着非常相似的稳定同位素组成。目前，还没有有效区分炭化植物材料与外来腐殖酸的方法。

Cohen-Ofri[①] 发现现代和古代木炭都包含两个相，微晶石墨相和无组织相，腐殖酸同样有这两个相。木炭化石比现代木炭无组

---

① Cohen-Ofri I.，Weiner L.，Boaretto E.，et al.，"Modern and Fossil Charcoal：Aspects of Structure and Diagenesis"，*Journal of Archaeological Science*，Vol. 33，No. 3，2006，pp. 428 – 439.

织相的成分更高，表明自身腐殖化是成岩过程必不可少的部分。对于谷物或种子来说，炭化过程中的美拉德反应会产生腐殖酸，去除腐殖酸的化学处理可能也会带来样品自身的损失。也有研究表明，外来腐殖酸对炭化植物样品的影响可能很小，Fraser 等人将现代和考古炭化粟的谷粒持续浸泡在腐殖酸中 6 到 24 个月，发现并没有对植物 $\delta^{13}C$ 值造成明显改变。①

考古遗址中的炭化植物材料往往携带了土壤中的物质，带来 $\delta^{13}C$、$\delta^{15}N$ 值的改变。目前，针对上述污染物，炭化样品的前处理主要采用 ABA 方法，即经过酸、碱、酸三步处理，这种方法最初是从碳十四测年样品的处理方法发展而来。不同方法采用的溶液浓度、反应温度、反应时间会有所差异。第一步酸处理主要去除外来的碳酸盐，第二步碱处理去除的是腐殖酸，这一步也是样品损耗最大的一步。同时，酸处理产生的二氧化碳可能再次通过碱处理吸收，因此需要再进行一步酸处理。最早对炭化植物进行稳定同位素分析是在 1985 年，DeNiro 和 Hastorf② 评估了不同方法，提供了一种去除污染物而不改变炭化植物成分的标准方案：碳酸盐和腐殖酸在盐酸溶液（浓度为 6 克/摩尔）中室温浸泡 24 小时，冲洗至中性；浸泡在 1 克/摩尔 NaOH 溶液中 24 小时，冲洗至中性；再次浸泡在盐酸溶液（浓度为 6 克/摩尔）中 10 分钟。随后，Fraser 采用了一种更为温和的方法，只用低浓度的盐酸、氢氧化钠

---

① Fraser R. A., Bogaard A., Charles M., et al., "Assessing Natural Variation and the Effects of Charring, Burial and Pre-treatment on the Stable Carbon and Nitrogen Isotope Values of Archaeobotanical Cereals and Pulses", *Journal of Archaeological Science*, Vol. 40, No. 12, 2013, pp. 4754 - 4766.

② DeNiro M. J., Hastorf C. A., "Alteration of $^{15}N/^{14}N$ and $^{13}C/^{12}C$ Ratios of Plant Matter During the Initial Stages of Diagenesis: Studies Utilizing Archaeological Specimens from Peru", *Geochimica et Cosmochimica Acta*, Vol. 49, No. 1, 1985, pp. 97 - 115.

溶液处理。有的处理方法会借鉴碳十四样品处理，使用漂白剂、亚氯酸钠，也有研究者跳过前处理直接对样品进行分析。Fraser 分别对现代炭化样品和考古样品采用 ABA 方法进行前处理，结果发现，现代样品碳、氮的百分比含量基本不变，而考古样品碳的百分比组成却发生明显变化，相比现代样品，考古样品的碳、氮百分比含量升高，表明前处理会去除掉外来以及内部的一些结构碳，最终保留下结构比较稳定的碳、氮成分，$\delta^{13}C$、$\delta^{15}N$ 值均发生轻微变化，这一变化基本在可接受范围内，可以忽略。Vaiglova 等人①比较了不同的处理方法，认为 $\delta^{13}C$、$\delta^{15}N$ 值的改变来自于强酸或超声对植物种子的破损而非污染物的去除。建议腐殖酸不必去除，只需简单的酸处理即可。

目前，对于去除污染物的方法没有统一的认识。多是探讨前处理方法如何对炭化植物材料产生影响，包括测定稳定同位素以及结构组成。然而，没有研究涉及潜在污染物来源的影响和去除。是否保留单个种子进行分析，处理前样品是否应当研磨，以及如何评价保存和成盐过程对炭化材料的改变，这些问题都还在讨论中。

以下是两种主流的处理方法：

（一）酸碱酸处理（Acid-Base-Acid）②

1. 将样品放于试管中，加入 10 毫升、0.5 克/摩尔盐酸溶液，70℃水浴加热 30 分钟—60 分钟，或直至反应完毕；

---

① Vaiglova P., Snoeck C., Nitsch E., et al., "Impact of Contamination and Pre-treatment on Stable Carbon and Nitrogen Isotopic Composition of Charred Plant Remains", *Rapid Communications in Mass Spectrometry*, Vol. 28, No. 23, 2014, pp. 2497 – 2510.

② Fraser R. A., Bogaard A., Charles M., et al., "Assessing Natural Variation and the Effects of Charring, Burial and Pre-treatment on the Stable Carbon and Nitrogen Isotope Values of Archaeobotanical Cereals and Pulses", *Journal of Archaeological Science*, Vol. 40, No. 12, 2013, pp. 4754 – 4766.

2. 溶液倒掉，去离子水冲洗三遍（炭化种子遇水会有破碎的可能性，并浮在溶液上，倒掉溶液时应格外小心避免将种子倒掉，或采用一次性吸管转移）；

3. 加入 10 毫升、0.1 克/摩尔 NaOH 溶液，70℃水浴加热 60 分钟；

4. 溶液倒掉，去离子水冲洗三遍直至溶液无色且中性；

5. 加入 10 毫升、0.5 克/摩尔盐酸溶液，70℃水浴加热 30 分钟—60 分钟；

6. 溶液倒掉，去离子水冲洗三遍；

7. 烘干或冷冻干燥；

8. 研磨成粉末留待测试（保证样品均一化）。

（二）酸处理①

1. 将样品放于试管中，加入 10 毫升、0.5 克/摩尔盐酸溶液，80℃水浴加热 30 分钟—60 分钟，或直至反应完毕；

2. 溶液倒掉，去离子水冲洗三遍；

3. 烘干或冷冻干燥；

4. 研磨成粉末留待测试（保证样品均一化）。

研究表明，酸碱酸处理方法会带来 50% 样品量的损失。② 在样品量较少的情况下，前处理过程应尽量减少样品的损失，以免低于标准测试量。除非观察到顽固性土壤污染的有力证据，否则建议采用更保守的处理方案。例如，使用整个样品代替研磨的粉末，

---

① Vaiglova P., Snoeck C., Nitsch E., et al., "Impact of Contamination and Pre-treatment on Stable Carbon and Nitrogen Isotopic Composition of Charred Plant Remains", *Rapid Communications in Mass Spectrometry*, Vol. 28, No. 23, 2014, pp. 2497 - 2510.

② Brinkkemper O., Braadbaart F., Van Os B., et al., "Effectiveness of Different Pre-treatments in Recovering Pre-burial Isotopic Ratios of Charred Plants", *Rapid Communications in Mass Spectrometry*, Vol. 32, No. 3, 2018, pp. 251 - 261.

并且只采用酸处理。① Brinkkemper 等人证实，对于大多数保存环境，简单的酸处理，甚至水清洗即可，这样可以显著减少样品损失。

前处理之前需要对样品进行选取，在显微镜下选取表面干净、完整的炭化种子（轻微膨胀亦可），每份样品尽量保证 3 毫克—4 毫克的测试量。考虑到不同作物种子的质量，一般情况取样量如下：粟 20 粒以上，黍 5 粒以上，麦类、水稻、大豆等籽粒较大的样品，通常一粒即可满足测试量（大籽粒保存较好的情况下种子残块亦可）。由于每份样品可能包含多粒种子，最终的测试结果代表的是全部种子的均值，为了保证测试结果更能反映每个个体的情况，最好尽可能保证每份样品来自同一遗迹单位，一般情况下，同一遗迹单位中植物遗存的年代跨度和种植地范围相对更小，种植条件更为接近。

---

① Aguilera M., Araus J. L., Voltas J., et al., "Stable Carbon and Nitrogen Isotopes and Quality Traits of Fossil Cereal Grains Provide Clues on Sustainability at the Beginnings of Mediterranean Agriculture", *Rapid Communications in Mass Spectrometry*, Vol. 22, No. 11, 2008, pp. 1653 – 1663; Ferrio J. P., Alonso N., Voltas, J., Araus J. L., "Grain Weight Changes Over Time in Ancient Cereal Crops: Potential Roles of Climate and Genetic Improvement", *Journal of Cereal Science*, Vol. 44, No. 3, 2006, pp. 323 – 332.

第三章　国内外相关研究进展

近二十年来，对植物遗存的碳、氮稳定同位素研究异军突起，在环境重建、农田管理等方面都有令人耳目一新的重要成果，受到越来越多学者的关注。自2000年以来，围绕着植物稳定同位素，相关研究的数量剧增，表明植物稳定同位素分析作为一个可靠、革新的方法，在解决相关问题上表现出意想不到的效果。[①] 植物稳定同位素信息揭示农田管理技术，为史前农田管理研究提供了不可或缺、至关重要的途径，拓宽了对农业生产技术在社会发展、文化扩张中地位的客观认识。[②]

第一节　国外相关研究进展

DeNiro及其同事[③]率先开展植物遗存中的稳定同位素研究，提

---

① Fiorentino G., Ferrio J. P., Bogaard A., et al., "Stable Isotopes in Archaeobotanical Research", *Vegetation History and Archaeobotany*, Vol. 24, No. 1, 2015, pp. 215 – 227.

② Bogaard A., Fraser R., Heaton T. H., et al., "Crop Manuring and Intensive Land Management by Europe's First Farmers", *Proceedings of the National Academy of Sciences*, Vol. 110, No. 31, 2013, pp. 12589 – 12594; Riehl S., Pustovoytov K. E., Weippert H., et al., "Drought Stress Variability in Ancient Near Eastern Agricultural Systems Evidenced by $\delta^{13}C$ in Barley Grain", *Proceedings of the National Academy of Sciences*, Vol. 111, No. 34, 2014, pp. 12348 – 12353; Styring A. K., Charles M., Fantone F., et al., "Isotope Evidence for Agricultural Extensification Reveals How the World's First Cities Were Fed", *Nature Plants*, Vol. 3, 2017, pp. 17076; Santana-Sagredo F., Schulting R. J., Méndez-Quiros P., et al., " 'White Gold' Guano Fertilizer Drove Agricultural Intensification in the Atacama Desert from AD 1000", *Nature Plants*, Vol. 7, No. 2, 2021, pp. 152 – 158.

③ DeNiro M. J., Hastorf C. A., "Alteration of $^{15}N/^{14}N$ and $^{13}C/^{12}C$ Ratios of Plant Matter During the Initial Stages of Diagenesis: Studies Utilizing Archaeological Specimens from Peru", *Geochimica et Cosmochimica Acta*, Vol. 49, No. 1, 1985, pp. 97 – 115; Marino B. D., Deniro M. J., "Isotopic Analysis of Archaeobotanicals to Reconstruct Past Climates: Effects of Activities Associated with Food Preparation on Carbon, Hydrogen and Oxygen Isotope Ratios of Plant Cellulose", *Journal of Archaeological Science*, Vol. 14, No. 5, 1987, pp. 537 – 548.

出分析古植物遗存中的稳定同位素组成，可以为食谱研究提供参考值，并认为原始环境和生理信号可以保存在植物遗存中。20 世纪 80 年代，Farquhar、O'Leary 等人的研究巩固了与植物代谢途径和环境反应相关的 $\delta^{13}C$ 值变化的认识，① 随后主要针对麦类作物（大麦和小麦）的生理反应进行了广泛的研究。一系列生理学和农艺学研究表明，谷物类作物的碳同位素组成（$\delta^{13}C$）与植物水分状况之间存在密切关系。② Araus 等人通过对作物 $\delta^{13}C$ 值的分析，开发了定量模型来估计小麦和大麦过去的水分投入③和产量④，并将其应用于

---

① Farquhar G. D. , O'Leary M. H. , Berry J. A. , "On The Relationship between Carbon Isotope Discrimination and the Intercellular Carbon Dioxide Concentration in Leaves", *Functional Plant Biology*, Vol. 9, No. 2, 1982, pp. 121 – 137; Farquhar G. D. , "On the Nature of Carbon Isotope Discrimination in C_4 Species", *Functional Plant Biology*, Vol. 10, 1983, pp. 205 – 226; Farquhar G. D. , Hubick K. T. , Condon A. G. , Richards R. A. , "Carbon Isotope Fractionation and Plant Water-use Efficiency", In: Rundel P. W. , Ehleringer J. R. , Nagy K. A. (Eds.), "Stable Isotopes in Ecological Research", *Ecological Studies* (Analysis and Synthesis), Vol. 68, Springer, New York, 1989, pp. 21 – 40; O'Leary M. H. , "Carbon Isotope Fractionation in Plants", *Phytochemistry*, Vol. 20, No. 4, 1981, pp. 553 – 567.

② Farquhar G. D. , Richards R. A. , "Isotopic Composition of Plant Carbon Correlates with Water-use Efficiency of Wheat Genotypes", *Functional Plant Biology*, Vol. 11, No. 6, 1984, pp. 539 – 552; Condon A. G. , Richards R. A. , Farquhar G. D. , "Carbon Isotope Discrimination is Positively Correlated with Grain Yield and Dry Matter Production in Field-grown Wheat", *Crop Science*, Vol. 27, No. 5, 1987, pp. 996 – 1001.

③ Araus J. , Buxo R. , "Changes in Carbon Isotope Discrimination in Grain Cereals from the North-western Mediterranean Basin During the Past Seven Millenia", *Functional Plant Biology*, Vol. 20, No. 1, 1993, pp. 117 – 128; Araus J. L. , Febrero A. , Buxo R. , et al. , "Changes in Carbon Isotope Discrimination in Grain Cereals from Different Regions of the Western Mediterranean Basin During the Past Seven Millennia, Palaeoenvironmental Evidence of a Differential Change in Aridity During the Late Holocene", *Global Change Biology*, Vol. 3, No. 2, 1997, pp. 107 – 118; Araus J. L. , Ferrio J. P. , Buxo R. , Voltas J. , "The Historical Perspective of Dryland Agriculture: Lessons Learned from 10000 Years of Wheat Cultivation", *Journal of Experimental Botany*, Vol. 58, No. 2, 2007, pp. 131 – 145; Araus J. L. , Febrero A. , Catala M. , et al. , "Crop Water Availability in Early Agriculture: Evidence from Carbon Isotope Discrimination of Seeds from a Tenth Millennium BP Site on the Euphrates", *Global Change Biology*, Vol. 5, No. 2, 1999, pp. 201 – 212.

④ Romagosa I. , Slafer G. A. , Araus J. L. , "Durum Wheat and Barley Yields in Antiquity Estimated from ^{13}C Discrimination of Archaeological Grains: A Case Study From the Western Mediterranean Basin", *Functional Plant Biology*, Vol. 26, No. 4, 1999, pp. 345 – 352; Araus J. L. , Slafer G. A. , Buxo R. , Romagosa I. , "Productivity in Prehistoric Agriculture: Physiological Models for the Quantification of Cereal Yields as an Alternative to Traditional Approaches", *Journal of Archaeological Science*, Vol. 30, No. 6, 2003, pp. 681 – 693.

横跨地中海的一系列考古遗址中。这些工作为利用作物 $\delta^{13}C$ 值推断西地中海地区和近东地区古代作物的水分状况提供了理论框架，并且激发了植物考古界对稳定同位素应用的兴趣。①

与此同时，越来越多的实验证据表明，有机氮含量高的土壤（例如天然肥沃的土壤或通过施有机肥、耕作改良过的土壤）的 $\delta^{15}N$ 值高于未施肥或施化肥的土壤，② 这一信号也可以在植物（尤其是谷物）中反映。③ 这些工作奠定了在考古遗址中创新性利用作物 $\delta^{15}N$ 值来重建土壤肥力④或确定施肥管理⑤的基础，为研究古代

---

① Fiorentino G., Ferrio J. P., Bogaard A., et al., "Stable Isotopes in Archaeobotanical Research", *Vegetation History and Archaeobotany*, Vol. 24, No. 1, 2015, pp. 215 – 227.

② Amundson R., Austin A. T., Schuur E. A., et al., "Global Patterns of the Isotopic Composition of Soil and Plant Nitrogen", *Global Biogeochemical Cycles*, Vol. 17, No. 1, 2003.

③ Choi W. J., Ro H. M., Hobbie E. A., "Patterns of Natural ^{15}N in Soils and Plants from Chemically and Organically Fertilized Uplands", *Soil Biology and Biochemistry*, Vol. 35, No. 11, 2003, pp. 1493 – 1500; Bol R., Eriksen J., Smith P., et al., "The Natural Abundance of ^{13}C, ^{15}N, ^{34}S and ^{14}C in Archived (1923 – 2000) Plant and Soil Samples from the Askov Long-term Experiments on Animal Manure and Mineral Fertilizer", *Rapid Communications in Mass Spectrometry*, Vol. 19, No. 22, 2005, pp. 3216 – 3226; Bogaard A., Heaton T. H., Poulton P., Merbach I., "The Impact of Manuring on Nitrogen Isotope Ratios in Cereals: Archaeological Implications for Reconstruction of Diet and Crop Management Practices", *Journal of Archaeological Science*, Vol. 34, No. 3, 2007, pp. 335 – 343.

④ Araus J. L., Ferrio J. P., Buxó R., Voltas J., "The Historical Perspective of Dryland Agriculture: Lessons Learned from 10000 Years of Wheat Cultivation", *Journal of Experimental Botany*, Vol. 58, No. 2, 2007, pp. 131 – 145; Aguilera M., Araus J. L., Voltas J., et al., "Stable Carbon and Nitrogen Isotopes and Quality Traits of Fossil Cereal Grains Provide Clues on Sustainability at the Beginnings of Mediterranean Agriculture", *Rapid Communications in Mass Spectrometry*, Vol. 22, No. 11, 2008, pp. 1653 – 1663.

⑤ Fraser R. A., Bogaard A., Heaton T., et al., "Manuring and Stable Nitrogen Isotope Ratios in Cereals and Pulses: Towards a New Archaeobotanical Approach to the Inference of Land Use and Dietary Practices", *Journal of Archaeological Science*, Vol. 38, No. 10, 2011, pp. 2790 – 2804; Bogaard A., Fraser R., Heaton T. H., et al., "Crop Manuring and Intensive Land Management by Europe's First Farmers", *Proceedings of the National Academy of Sciences*, Vol. 110, No. 31, 2013, pp. 12589 – 12594; Styring A. K., Fraser R. A., Bogaard A., Evershed R. P., "The Effect of Manuring on Cereal and Pulse Amino Acid $\delta^{15}N$ Values", *Phytochemistry*, Vol. 102, 2014, pp. 40 – 5.

农业系统开辟了新途径。

植物碳稳定同位素反映植物生长过程中的水分利用情况，可用于灌溉技术的研究。植物氮稳定同位素反映植物所生长的土壤的肥力情况，可用于施肥管理的研究。通过现代种植实验，在不同水分、肥料等控制条件下种植特定农作物，成熟后测定其碳、氮稳定同位素值，分别建立水分投入与碳稳定同位素值①、肥料投入与氮稳定同位素值②之间的关系模型，为考古植物遗存样品提供参考，这是植物遗存稳定同位素研究的基础。通过长达百年的种植实验对农作物与施肥关系进行了追踪，向农田中施加有机肥可引起麦类作物氮稳定同位素值高达10‰的增高，这一增高值主要受施肥程度（施肥量、施肥频率）及有机肥种类的影响。③据此可根据作物氮稳定同位素值高低将施肥程度划分为高度施

① Araus J. L. , Buxo R. , "Changes in Carbon Isotope Discrimination in Grain Cereals from the North-western Mediterranean Basin During the Past Seven Millenia", *Functional Plant Biology*, Vol. 20, No. 1, 1993, pp. 117 – 128; Araus J. L. , Febrero A. , Buxo R. , et al. , "Changes in Carbon Isotope Discrimination in Grain Cereals from Different Regions of the Western Mediterranean Basin During the Past Seven Millennia, Palaeoenvironmental Evidence of a Differential Change in Aridity During the Late Holocene", *Global Change Biology*, Vol. 3, No. 2, 1997, pp. 107 – 118; Araus J. L. , Ferrio J. P. , Buxo R. , Voltas J. , "The Historical Perspective of Dryland Agriculture: Lessons Learned from 10000 Years of Wheat Cultivation", *Journal of Experimental Botany*, Vol. 58, No. 2, 2007, pp. 131 – 145.

② Bogaard A. , Fraser R. , Heaton T. H. , et al. , "Crop Manuring and Intensive Land Management by Europe's First Farmers", *Proceedings of the National Academy of Sciences*, Vol. 110, No. 31, 2013, pp. 12589 – 12594; Styring A. K. , Fraser R. A. , Bogaard A. , Evershed R. P. , "The Effect of Manuring on Cereal and Pulse Amino Acid $\delta^{15}N$ Values", *Phytochemistry*, Vol. 102, 2014, pp. 40 – 5.

③ Fraser R. A. , Bogaard A. , Heaton T. , et al. , "Manuring and Stable Nitrogen Isotope Ratios in Cereals and Pulses: Towards a New Archaeobotanical Approach to the Inference of Land Use and Dietary Practices", *Journal of Archaeological Science*, Vol. 38, No. 10, 2011, pp. 2790 – 2804; Szpak P. , "Complexities of Nitrogen Isotope Biogeochemistry in Plant-soil Systems: Implications for the Study of Ancient Agricultural and Animal Management Practices", *Frontiers in Plant Science*, Vol. 5, 2014, p. 288.

肥、中度施肥、低度施肥，[①] 为古代施肥技术提供了非常有效的量化模型。

近三十年间，通过植物氮稳定同位素探讨施肥技术的研究在地中海、近东地区迅速开展起来，揭示了公元前5900年以来不同程度的施肥管理，以及施肥管理背后所反映出的生产资料配置和劳动力管理等，进而为社会扩张、集权化管理等问题提供了研究途径，成为植物稳定同位素研究的亮点。[②]

Bogaard是首个将植物氮稳定同位素分析应用到考古学领域的学者，[③] 依据长达百年的种植实验建立起来的施肥程度模型，成功地对欧洲多处史前时期（5900BC—2400BC）遗址出土的炭化作物种子进行了碳、氮稳定同位素分析，证实了该地区最早的农民已经开始通过对农作物进行施肥管理来提高产量，并认为，强化的施肥行为将作物栽培和家畜饲养紧密结合起来，促使农牧结合的生业模式在不同环境中的扩张。这一研究成果受到学术界的广泛

---

① Fraser R. A., Bogaard A., Heaton T., et al., "Manuring and Stable Nitrogen Isotope Ratios in Cereals and Pulses: Towards a New Archaeobotanical Approach to the Inference of Land Use and Dietary Practices", *Journal of Archaeological Science*, Vol. 38, No. 10, 2011, pp. 2790 - 2804; Bogaard A., Fraser R., Heaton T. H., et al., "Crop Manuring and Intensive Land Management by Europe's First Farmers", *Proceedings of the National Academy of Sciences*, Vol. 110, No. 31, 2013, pp. 12589 - 12594.

② Araus J. L., Ferrio J. P., Voltas J., et al., "Agronomic Conditions and Crop Evolution in Ancient Near East Agriculture", *Nature Communications*, 2014, p. 5; Bogaard A., Fraser R., HeatonT. H., et al., "Crop Manuring and Intensive Land Management by Europe's First Farmers", *Proceedings of the National Academy of Sciences*, Vol. 110, No. 31, 2013, pp. 12589 - 12594; Styring A. K., Charles M., Fantone F., et al., "Isotope Evidence for Agricultural Extensification Reveals How the World's First Cities Were Fed", *Nature Plants*, Vol. 3, 2017, pp. 17076; Santana-Sagredo F., et al., " 'White Gold' Guano Fertilizer Drove Agricultural Intensification in the Atacama Desert from ad 1000", *Nature Plants*, 2021, p. 7.

③ Bogaard A., Fraser R., Heaton T. H., et al., "Crop Manuring and Intensive Land Management by Europe's First Farmers", *Proceedings of the National Academy of Sciences*, Vol. 110, No. 31, 2013, pp. 12589 - 12594.

关注，成为研究史前施肥管理的经典范例。

随后，Araus 等人对农业起源中心之一的近东地区出土植物遗存进行了长达万年尺度的碳、氮稳定同位素研究，[①] 发现近东地区土壤肥力存在下降的趋势。然而，当地高 $\delta^{15}N$ 值（> 6‰）的植物遗存大多属驯化之前的栽培作物，似乎并不能很好地反映人工管理行为。这些高 $\delta^{15}N$ 值的植物可能受当地干旱环境的影响，引起了 $\delta^{15}N$ 值的升高。[②] 因此，在对干旱、半干旱地区进行农田管理评估之前必须将干旱因素从施肥对植物 $\delta^{15}N$ 值的影响中排除。

Styring 等人[③]在 2017 年的一项研究表明，近东地区通过扩大耕地面积、减少施肥量的扩张式农业生产来提高作物产量。这种扩张式的生产方式将产量直接与耕种面积而不是劳动力投入联系起来，从而增加了土地作为世代相传的财富的重要性，因此这种扩张可能加剧财富继承的不平等性，成为政治力量的一种潜在的来源。这一研究认为，扩张式农业经济是美索不达米亚南部最早城市形成必不可少的因素，显示出了植物稳定同位素研究在解决早期城市、文明起源等重大问题中的重要性。此外，该研究考虑到

① Araus J. L. , Ferrio J. P. , Voltas J. , et al. , "Agronomic Conditions and Crop Evolution in Ancient Near East Agriculture", *Nature Communications*, Vol. 5, 2014, p. 3953.

② Handley L. , Austin A. , Stewart G. , et al. , "The ^{15}N Natural Abundance ($\delta^{15}N$) of Ecosystem Samples Reflects Measures of Water Availability", *Functional Plant Biology*, Vol. 26, No. 2, 1999, pp. 185 – 199; Heaton T. H. E. , "The $^{15}N/^{14}N$ Ratios of Plants in South Africa and Nambia: Relationship to Climate and Coastal/saline Environments", *Oecologia*, Vol. 74, 1987, pp. 236 – 246; Styring A. K. , Ater M. , Hmimsa Y. , et al. , "Disentangling the Effect of Farming Practice from Aridity on Crop Stable Isotope Values: A Present-day Model from Morocco and Its Application to Early Farming Sites in the Eastern Mediterranean", *The Anthropocene Review*, Vol. 3, No. 1, 2016, pp. 2 – 22.

③ Styring A. K. , Charles M. , Fantone F. , et al. , "Isotope Evidence for Agricultural Extensification Reveals How the World's First Cities Were Fed", *Nature Plants*, Vol. 3, 2017, p. 17076.

干旱对植物 $\delta^{15}N$ 值升高的影响，将降水量与植物 $\delta^{15}N$ 值进行拟合，对施肥模型进行了一定优化。

为了将施肥管理从自然环境因素（如干旱）中区分开来，目前学术界主要通过推算自然植被的氮同位素基础值，并与作物氮同位素值比较，来判断作物是否经过施肥。① 通过野生食草动物的 $\delta^{15}N$ 值，减去 $\delta^{15}N$ 随营养级的富集值（约4‰），可以得到野生食草动物的食物——野生植物的 $\delta^{15}N$ 值，这些野生植物的 $\delta^{15}N$ 值就可以作为自然植被的 $\delta^{15}N$ 基础值。一般认为，野生植物没有经过人工施肥，反映的是自然环境条件。如果作物 $\delta^{15}N$ 值高于自然植被，则可以认为作物受到了人工施肥的作用。但是，如果遗址中食草动物遗存缺失，或者食草动物的 $\delta^{15}N$ 值非常分散，可能无法进行自然植被 $\delta^{15}N$ 基础值的推算。因此，对于特定环境植被 $\delta^{15}N$ 基础值来说，仍需要寻找一种相对独立的方法来推算。

玉米是美洲地区重要的驯化作物，其稳定同位素研究开始较早，并已取得丰硕的成果。玉米与我国北方地区起源的粟、黍同为 C_4 类作物，两者的稳定同位素研究有相通之处，因此，玉米的稳定同位素研究为我们开展粟、黍的稳定同位素研究提供了很好的参考。受生态条件的限制，美洲地区并没有像其他农业起源中心那样，驯化出可以为农作物提供大量粪便的大型食草动物类家畜。然而研究发

---

① Bogaard A., Fraser R., HeatonT. H., et al., "Crop Manuring and Intensive Land Management by Europe's First Farmers", *Proceedings of the National Academy of Sciences*, Vol. 110, No. 31, 2013, pp. 12589 - 12594; Fraser R. A., Bogaard A., Schäfer M., et al., "Integrating Botanical, Faunal and Human Stable Carbon and Nitrogen Isotope Values to Reconstruct Land Use and Palaeodiet at LBK Vaihingen an Der Enz, Baden-Württemberg", *World Archaeology*, Vol. 45, No. 2, 2013, pp. 492 - 517; Vaiglova P., Bogaard A., Collins M., et al., "An Integrated Stable Isotope Study of Plants and Animals from Kouphovouno, Southern Greece: A New Look at Neolithic Farming", *Journal of Archaeological Science*, Vol. 42, 2014, pp. 201 - 215.

现，美洲沿海地区利用了海鸟产生的粪便（Guano）作为肥料，施肥后的植物 $\delta^{15}N$ 值极端升高（高达 30‰），① 这也是全球植物遗存 $\delta^{15}N$ 值最高纪录所在的地区。2021 年的一项研究揭示了海鸟粪便对智利北部前印加文明时期社会的重要贡献，正是得益于被称为"白色黄金"的海鸟粪便，当地先民利用它们作为肥料，增加了玉米等作物的产量，使得该地区在气候极为干旱的条件下，仍然发展出高产的农业系统，来支撑人口增长和社会复杂化发展。②

第二节　粟、黍稳定同位素相关研究

在国际学术界对植物稳定同位素研究持续热烈讨论的同时，国内学者也开始关注，相关研究工作正在开展中。目前，植物同位素研究工作主要集中在粟、黍两种作物，研究重点更偏重利用植物稳定同位素信息重建古环境条件。③ 例如，安成邦等人④通过对

---

① Szpak P., Millaire J. F., White C. D., et al., "Influence of Seabird Guano and Camelid Dung Fertilization on the Nitrogen Isotopic Composition of Field-grown Maize (Zea Mays)", *Journal of Archaeological Science*, Vol. 39, No. 12, 2012, pp. 3721 – 3740.

② Santana-Sagredo F., Schulting R. J., Méndez-Quiros P., et al., "'White Gold' Guano Fertilizer Drove Agricultural Intensification in the Atacama Desert from AD 1000", *Nature Plants*, Vol. 7, No. 2, 2021, pp. 152 – 158.

③ 董惟妙：《黄土高原现代粟、黍样品碳氮稳定同位素组成及炭化对同位素分馏的影响》，硕士学位论文，兰州大学，2012 年；杨青、李小强：《黄土高原地区粟、黍碳同位素特征及其影响因素研究》，《中国科学·地球科学》2015 年第 11 期；An C., Dong W., Li H., et al., "Variability of the Stable Carbon Isotope Ratio in Modern and Archaeological Millets: Evidence from Northern China", *Journal of Archaeological Science*, Vol. 53, 2015, pp. 316 – 322; An C., Dong W., Chen Y., et al., "Stable Isotopic Investigations of Modern and Charred Foxtail Millet and the Implications for Environmental Archaeological Reconstruction in the Western Chinese Loess Plateau", *Quaternary Research*, Vol. 84, No. 1, 2015, pp. 144 – 149; Yang Q., LiX., Zhou X., et al., "Quantitative Reconstruction of Summer Precipitation Using a Mid-Holocene $\delta^{13}C$ Common Millet Record from Guanzhong Basin, Northern China", *Climate of the Past*, Vol. 12, No. 12, 2016, p. 2229.

④ An C., Dong W., Chen Y., et al., "Stable Isotopic Investigations of Modern and Charred Foxtail Millet and the Implications for Environmental Archaeological Reconstruction in the Western Chinese Loess Plateau", *Quaternary Research*, Vol. 84, No. 1, 2015, pp. 144 – 149.

黄土高原地区现生粟、黍种子碳稳定同位素的研究认为，在降水量小于450毫米时，粟 $\delta^{13}C$ 值与水分呈现线性关系，而黍没有表现出这种相关性。杨青①同样对黄土高原现生粟、黍种子碳稳定同位素值与环境指标进行拟合，然而却得出不同的结论：黍的 $\delta^{13}C$ 值与降水量具有相关性，而粟则不具有这种相关性。不同学者的分歧，一方面是由于 C_4 植物光合作用的复杂性（详细介绍见第二章）。另一方面则是与研究工作中所使用的环境信息的精确度有关。植物种子 $\delta^{13}C$ 值反映的是种子成熟过程的水分利用情况，已有研究以自然生长的粟、黍为对象，以气象站点近年的年降水量或整个生长期降水量记录作为气候指标，然而受季风气候影响我国降水量随季节变化较大，年降水信息或者生长期降水信息是否能反映粟、黍种子成熟期真实的水分利用情况，仍值得商榷。因此，粟、黍的 $\delta^{13}C$ 值与水分的关系模型仍需要通过更为准确的控制实验实现。

通过对粟在不同浇水量下 $\delta^{13}C$ 值进行比较发现，粟的 $\delta^{13}C$ 值与获取的水分呈现正相关关系，即随着水分的增加，$\delta^{13}C$ 值呈现升高的趋势。② 这一结果与 C_3 植物普遍呈现出的负相关关系截然相反。另一项对珍珠粟（Pennisetum glaucum）的研究报告了珍珠粟同样表现出这种正相关关系。③ 然而，如第二章中所介绍，复杂

---

① 杨青、李小强：《黄土高原地区粟、黍碳同位素特征及其影响因素研究》，《中国科学·地球科学》2015年第11期。

② Lightfoot E., Ustunkaya M. C., Przelomska N., et al., "Carbon and Nitrogen Isotopic Variability in Foxtail Millet (Setariaitalica) with Watering Regime", *Rapid Communications in Mass Spectrometry*, Vol. 34, No. 6, 2020, p. e8615.

③ Sanborn L. H., Reid R. E. B., Bradley A. S., et al., "The Effect of Water Availability on the Carbon and Nitrogen Isotope Composition of a C_4 Plant (Pearl Millet, *Pennisetum Glaucum*)", *Journal of Archaeological Science: Reports*, Vol. 38, 2021, p. 103047.

的光合作用途径使得 C_4 植物对不同环境条件的响应非常复杂，导致 C_4 植物 $\delta^{13}C$ 值与水分利用的关系变得不那么确定，在不同的水分条件下可能呈现不同的关系。

此外，虽然国际学术界对作物 $\delta^{15}N$ 值与施肥的关系已有很多讨论，但是研究对象主要以麦类作物为主，对粟、黍的讨论相对较少。甚至有学者认为，粟受种属特性的影响，自然生长状态下就表现出较高的 $\delta^{15}N$ 值。[①] 2022 年的一项施肥实验结果显示，施肥分别带来粟、黍 $\delta^{15}N$ 值 7.3‰、5.3‰的升高，表明粟、黍 $\delta^{15}N$ 值同样可以提供史前施肥强度的有力指标。

第三节 国内研究展望

考古植物遗存的稳定同位素信息保存了过去植物生长过程中的环境信息（自然环境、人工环境），为研究古环境和人为活动提供了窗口。我国地大物博，不同地区有着多样的气候条件和土地类型。在这片土地的北方和南方地区，分别驯化出小米（粟和黍）、水稻两种滋养中华文化最为重要的农作物。这两种农作物在稳定同位素研究中都表现出自身的独特性：小米类粟和黍为典型 C_4 植物，复杂的光合作用途径使其碳同位素组成对水分的响应关系比 C_3 植物更为复杂；与旱地作物相比，水稻生长的水生环境中，氮源以及参与氮循环的微生物也有所不同，带来水稻稳定同位素组成的特殊性。目前，考古植物遗存碳、氮稳定同位素

---

① Lightfoot E., Przelomska N., Craven M., et al., "Intraspecific Carbon and Nitrogen Isotopic Variability in Foxtail Millet (Setariaitalica)", *Rapid Communications in Mass Spectrometry*, Vol. 30, No. 13, 2016, pp. 1475 – 1487.

分析主要在古环境重建、农田管理、食谱精细化等方面发挥重要作用。

（一）古环境重建

在以往的考古学研究中，孢粉和植硅体是反映环境的两种重要的指标。与冰芯、湖泊沉积物或树木年轮年表等高分辨率和连续记录相比，考古植物遗存的缺点是只能提供过去某一时间的“快照”。然而，植物遗存却可以提供其他古环境记录很难获取的某个地区、某一遗址的当地气候信息，植物遗存保存的气候信息往往更为准确地记录了遗址所在局地气候。国内最初开展植物稳定同位素相关研究也是认识到其在环境重建方面的潜力。[①]

（二）农田管理

灌溉和施肥等农田管理是植物稳定同位素在考古中最为重要、最具潜力的研究内容，为认识古代尤其是缺乏文献记载的史前时期先民如何对农作物进行管理提供可能。目前，已有学者在施肥和恢复作物产量方面做了一定工作。[②] 借助植物稳定同位素可以了解农业开始时的作物状况，从而为作物栽培与驯化等农业起源相关研究提供证据。[③] 全新世初期被认为是过去40万年来最稳定的

① An C., Dong W., Chen Y., et al., “Stable Isotopic Investigations of Modern and Charred Foxtail Millet and the Implications for Environmental Archaeological Reconstruction in the Western Chinese Loess Plateau”, *Quaternary Research*, Vol. 84, No. 1, 2015, pp. 144 - 149; 杨青、李小强：《黄土高原地区粟、黍碳同位素特征及其影响因素研究》，《中国科学·地球科学》2015年第11期。

② Wang X., Fuller B. T., Zhang P., et al., “Millet Manuring as a Driving Force for the Late Neolithic Agricultural Expansion of North China”, *Scientific Reports*, Vol. 8, No. 1, 2018, pp. 1 - 9; Zhou X. Y., Zhu L., Spengler R. N., et al., “Water Management and Wheat Yields in Ancient China: Carbon Isotope Discrimination of Archaeological Wheat Grains”, *The Holocene*, Vol. 31, No. 2, 2021, pp. 285 - 293.

③ Araus J. L., Ferrio J. P., Voltas J., et al., “Agronomic Conditions and Crop Evolution in Ancient Near East Agriculture”, *Nature Communications*, Vol. 5, No. 1, 2014, pp. 1 - 9.

暖期，世界不同地区在这一时期出现了农业。农业的兴起是在气候快速变化的背景下发生的，从干燥寒冷的新仙女木期到更温暖（并且可能更潮湿）的全新世早期。然而，是什么促使狩猎采集者定居并开始耕种，以及是什么让农业如此成功，以致在世界不同地区迅速推广，这些问题仍然存在争议，需要稳定同位素工作的更多参与。

（三）食谱精细化

对古代食谱研究来说，土壤和植物的 $\delta^{15}N$ 值通过食物链向上传递，并记录在各种食草动物、食肉动物以及人类饮食的同位素特征中。现代稳定同位素研究观察到，$\delta^{15}N$ 值随食物链的上升会增加约 3‰—5‰，人和动物骨骼中的 $\delta^{15}N$ 值是古食谱研究中推断营养水平的核心。[①] 以往，对古食谱的解释反映的是饮食中动物源性食物与植物源性食物的平衡。在以往食谱研究中，由于缺少来自植物性食物直接的稳定同位素数据，导致对人和动物食谱的解释存在一定的推测性。例如，以往认为植物的 $\delta^{15}N$ 值较低，一般将人或动物较高的 $\delta^{15}N$ 值解释为动物性食物的贡献。然而，通过相关研究发现，经过施肥的作物同样有着较高的 $\delta^{15}N$ 值，食用了经过施肥的作物同样也会带来消费者 $\delta^{15}N$ 值的升高，而非由于摄入更多的肉食。植物 $\delta^{15}N$ 值的差异使动物和人类骨骼中 $\delta^{15}N$ 值的传统解释充满挑战。[②] 因此，植物中 $\delta^{15}N$ 值信息对于可靠的食谱解

---

① Lee-Thorp J. A., "On Isotopes and Old Bones", *Archaeometry*, Vol. 50, No. 6, 2008, pp. 925 – 950.

② Dürrwächter C., Craig O. E., Collins M. J., et al., "Beyond the Grave: Variability in Neolithic Diets in Southern Germany?", *Journal of Archaeological Science*, Vol. 33, No. 1, 2006, pp. 39 – 48; Hedges R. E. M., Reynard L. M., "Nitrogen Isotopes and the Trophic Level of Humans in Archaeology", *Journal of Archaeological Science*, Vol. 34, No. 8, 2007, pp. 1240 – 1251.

释至关重要，最好将植物遗存与动物和人类骨骼一起评估，① 对古食谱的解释必须放在更广泛的土地利用背景下。在今后的研究中，植物稳定同位素工作的广泛开展，可望为稳定同位素食谱研究提供植物性食物的稳定同位素值，使食谱研究更为准确、精细。

---

① Lightfoot E., Stevens R. E., "Stable Isotope Investigations of Charred Barley (*Hordeum Vulgare*) and Wheat (*Triticum Spelta*) Grains from Danebury Hillfort: Implications for Palaeodietary Reconstructions", *Journal of Archaeological Science*, Vol. 39, No. 3, 2012, pp. 656－662.

第四章　施肥对植物稳定同位素值的影响

第一节　研究目的

在植物稳定同位素研究中，现代实验为考古研究提供参考，是一项非常重要的基础工作。现代实验通过控制实验条件（如水分、温度、施肥量），测试生长在不同环境下植物的稳定同位素值，得到稳定同位素值与环境条件的曲线，为古代植物样品提供数据模型，进而重建古代环境、探讨农田管理活动等。

本书重点探讨的是施肥等农田管理技术在新石器时代晚期人类社会中的地位。围绕施肥与稳定同位素关系，已有学者做了相关的现代实验。①

---

① Bogaard A. , Fraser R. , Heaton T. H. , et al. , "Crop Manuring and Intensive Land Management by Europe's First Farmers", *Proceedings of the National Academy of Sciences*, Vol. 110, No. 31, 2013, pp. 12589 – 12594; Bogaard A. , Heaton T. H. E. , Poulton P. , Merbach I. , "The Impact of Manuring on Nitrogen Isotope Ratios in Cereals: Archaeological Implications for Reconstruction of Diet and Crop Management Practices", *Journal of Archaeological Science*, Vol. 34, No. 3, 2007, pp. 335 – 343; Bol R. , Eriksen J. , Smith P. , et al. , "The Natural Abundance of ^{13}C, ^{15}N, ^{34}S and ^{14}C in Archived (1923 – 2000) Plant and Soil Samples from the Askov Long-term Experiments on Animal Manure and Mineral Fertilizer", *Rapid Commun Mass Spectrom*, Vol. 19, No. 22, 2005, pp. 3216 – 26; Fraser R. A. , Bogaard A. , Heaton T. , et al. , "Manuring and Stable Nitrogen Isotope Ratios in Cereals and Pulses: Towards a New Archaeobotanical Approach to the Inference of Land Use and Dietary Practices", *Journal of Archaeological Science*, Vol. 38, No. 10, 2011, pp. 2790 – 2804; Lee C. , Feyereisen G. W. , HristovA. N. , et al. , "Effects of Dietary Protein Concentration on Ammonia Volatilization, Nitrate Leaching, and Plant Nitrogen Uptake from Dairy Manure Applied to Lysimeters", *Journal of Environmental Quality*, Vol. 43, No. 1, 2014, pp. 398 – 408; SenbayramM. , Dixon L. , Goulding K. W. , Bol R. , "Long-term Influence of Manure and Mineral Nitrogen Applications on Plant and Soil ^{15}N and ^{13}C Values from the Broadbalk Wheat Experiment", *Rapid Commun Mass Spectrom*, Vol. 22, No. 11, 2008, pp. 1735 – 40; Styring A. K. , Fraser R. A. , Bogaard A. , Evershed R. P. , "The Effect of Manuring on Cereal and Pulse Amino Acid $\delta^{15}N$ Values", *Phytochemistry*, Vol. 102, 2014, pp. 40 – 5.

这其中最值得关注的是 Bogaard 等人建立的施肥模型①。这一施肥模型是通过两组长期（100 多年）种植实验得到的。向农田施加不同量的粪肥，测试不同生长环境下麦类作物种子氮稳定同位素值，并根据施肥量划分不同的施肥等级（高、中、低），从而得到农作物种子氮稳定同位素值与施肥程度模型。然而，这一模型是通过麦类作物建立起来的，不能确定是否适用于粟、黍这类 C_4 作物。为了探讨粟、黍农作物氮稳定同位素值对于施肥的响应，本章将通过现代施肥实验加以论证，为史前粟、黍农田管理提供依据。

第二节　材料与方法

本实验选择谷子（粟）作为实验对象进行种植，现代实验选择的种子是在无任何肥料添加下种植并收获的谷子，来排除种子本身可能携带的同位素信号对实验结果的影响。实验地点选择在山东省平度市店子镇昌里村，种植地选择的是长年未种植任何庄稼未进行过任何人工干预的土地，以此排除化肥等外来引入氮肥对实验结果的影响。种植时间为 2016 年 7 月 5 日—10 月 20 日。

种子分别种在四个邻近的不同区域，种植条件如下：1. 施化

① Bogaard A., Fraser R., Heaton T. H., et al., "Crop Manuring and Intensive Land Management by Europe's First Farmers", *Proceedings of the National Academy of Sciences*, Vol. 110, No. 31, 2013, pp. 12589 – 12594; Bogaard A., Heaton T. H. E., Poulton P., Merbach I., "The Impact of Manuring on Nitrogen Isotope Ratios in Cereals: Archaeological Implications for Reconstruction of Diet and Crop Management Practices", *Journal of Archaeological Science*, Vol. 34, No. 3, 2007, pp. 335 – 343; Fraser R. A., Bogaard A., Heaton T., et al., "Manuring and Stable Nitrogen Isotope Ratios in Cereals and Pulses: Towards a New Archaeobotanical Approach to the Inference of Land Use and Dietary Practices", *Journal of Archaeological Science*, Vol. 38, No. 10, 2011, pp. 2790 – 2804.

肥（硝态氮）；2. 施农家肥（羊粪）；3. 不施肥；4. 腐殖质（该实验区域种植前有大量杂草生长，腐烂后留下大量腐殖质）。播种时施肥一次，8 月追肥一次，直至成熟。粟成熟后，整株收获，自然晾晒变干后用于实验室分析。

为了达到研究目的，共设计了四个分析方案（表 4）。方案一：每个试验区随机选取 6 株粟，采集种子用于测试（每份 20 粒），探讨不同施肥条件对植物稳定同位素值的影响。方案二：每个试验区随机选取 6 株粟，分别采集秸秆、叶、稃壳、种子用于测试，探讨植物不同部位同位素分馏情况。方案三：每个试验区随机选取 1 株粟，在谷穗不同部位（上、中、下）随机选取种子样品（每份 20 粒），探讨同一植株种子稳定同位素值分布情况。方案四：选取方案二中谷穗下部的种子进行模拟炭化实验（230℃、24 小时）[①] 来探讨炭化对同位素值的影响。四个分析方案共得到 122 份样品（不同方案可能会用到相同的样品，不再重复取样）。

所有样品用去离子水冲洗干净并烘干，其中种子研磨成粉末，用于接下来的碳、氮稳定同位素测试。样品测试在中国科学院考古学与人类学系实验室完成，测试仪器为配备有 Vario 元素分析仪的 Isoprime100 稳定同位素质谱仪。碳同位素的分析结果以相对 VPDB 碳同位素丰度比的 $\delta^{13}C$ 值表示，氮同位素的分析结果

① Fraser R. A., Bogaard A., Charles M., et al., "Assessing Natural Variation and the Effects of Charring, Burial and Pre-treatment on the Stable Carbon and Nitrogen Isotope Values of Archaeobotanical Cereals and Pulses", *Journal of Archaeological Science*, Vol. 40, No. 12, 2013, pp. 4754 – 4766; Styring A. K., Manning H., Fraser R. A., et al., "The Effect of Charring and Burial on the Biochemical Composition of Cereal Grains: Investigating the Integrity of Archaeological Plant Material", *Journal of Archaeological Science*, Vol. 40, No. 12, 2013, pp. 4767 – 4779.

以相对氮气（N_2，气态）的 $\delta^{15}N$ 值表示。测试使用的标准样品有 Sulfanilamide，IAEA-600，IEAE-N-1，IAEA-N-2，IAEA-CH-6，USGS-24，USGS 40、USGS 41 和一个实验室骨胶原标样（CAAS，$\delta^{13}C$：$-14.7 \pm 0.2‰$、$\delta^{15}N$：$6.9 \pm 0.2‰$），每 10 个样品插入 1 个标样。$\delta^{13}C$、$\delta^{15}N$ 值的测试误差均小于 $\pm 0.2‰$。

表 4　**现代种植实验设计方案**

方案	研究目的	取样部位	样品份数
一	不同施肥条件对植物稳定同位素值的影响	种子（谷穗下部）	24
二	植物不同部位同位素分馏情况	秸秆、叶、稃壳、种子	96
三	同一植株种子稳定同位素值分布情况	谷穗上部、中部、下部种子	21
四	炭化对稳定同位素值的影响	种子（谷穗下部）	12

第三节　结果与分析

实验结果如附表 1 所示，在测试过程中发现，稃壳、秸秆、叶片样品由于 N 含量相对种子较低，不足 1%，导致信号不足，得到的 $\delta^{15}N$ 值不够准确，因此这部分数据予以剔除。这可能是由于植物不同部分各自所含成分不同导致（种子含大量淀粉，稃壳等所含成分主要是纤维素），在今后的测试中应注意这个问题，增加这类样品的样品量。为便于讨论，接下来将按照上述分析方案分别讨论。

表5 不同种植条件下粟的 $\delta^{13}C$、$\delta^{15}N$ 值

种植条件	$\delta^{13}C$ 值	$\delta^{15}N$ 值
施化肥（n=8）	-12.8±0.2‰	1.0±1.0‰
施农家肥（n=18）	-12.7±0.3‰	4.4±0.8‰
不施肥（n=6）	-12.7±0.2‰	3.6±0.6‰
富含腐殖质（n=6）	-12.4 ± 0.2‰	3.0 ± 0.5‰

表6 不同种植条件 ANOVA 检验

变量	变量	平均值差	标准偏差	显著性	95%置信区间	
					Lower Bound	Upper Bound
化肥	农家肥	-3.43	0.33	0.00	-4.09	-2.76
	不施肥	-2.55	0.41	0.00	-3.40	-1.71
	腐殖质	-2.03	0.41	0.00	-2.87	-1.18
农家肥	化肥	3.43	0.33	0.00	2.76	4.09
	不施肥	0.87	0.36	0.02	0.14	1.61
	腐殖质	1.40	0.36	0.00	0.66	2.13
不施肥	化肥	2.55	0.41	0.00	1.71	3.40
	农家肥	-0.87	0.36	0.02	-1.61	-0.14
	腐殖质	0.53	0.44	0.24	-0.37	1.43
腐殖质	化肥	2.03	0.41	0.00	1.18	2.87
	农家肥	-1.40	0.36	0.00	-2.13	-0.66
	不施肥	-0.53	0.44	0.24	-1.43	0.37

一 不同施肥条件对粟氮稳定同位素值的影响

图3展示的是施化肥、施农家肥、不施肥以及添加腐殖质四种种植条件下粟种子 $\delta^{15}N$ 值情况。其中施化肥样品（n=8）$\delta^{13}C$ 值为-12.8±0.2‰、$\delta^{15}N$ 值为1.0±1.0‰；施农家肥样品（n=18）

$\delta^{13}C$ 值为 $-12.7 \pm 0.3‰$、$\delta^{15}N$ 值为 $4.4 \pm 0.8‰$；不施肥样品（$n=6$）$\delta^{13}C$ 值为 $-12.7 \pm 0.2‰$、$\delta^{15}N$ 值为 $3.6 \pm 0.6‰$；腐殖质样品（$n=6$）$\delta^{13}C$ 值为 $-12.4 \pm 0.2‰$、$\delta^{15}N$ 值为 $3.0 \pm 0.5‰$（表5）。ANOVA 检验结果显示，化肥、农家肥、不施肥的粟样品之间分别具有显著性差异（$p \leqslant 0.05$），说明施加化肥和有机肥均会带来粟 $\delta^{15}N$ 值的显著性变化，而不施肥和富含腐殖质的粟样品之间不具有显著性差异（$p = 0.24$），说明腐殖质没有对粟 $\delta^{15}N$ 值带来显著性变化（表6）。图3 中不施加任何肥料的粟 $\delta^{15}N$ 值居中间位置，施加化肥后会带来 $\delta^{15}N$ 值的显著降低（$-2.6‰$），这是由于化肥中的硝态氮为化学合成的无机氮，$\delta^{15}N$ 值非常低，植物吸收、利用这些氮源进行生物合成时，会带来自身 $\delta^{15}N$ 值的降低。而施加农家肥（羊粪）的粟表现出最高的 $\delta^{15}N$ 值，这是由于有机肥含有较多高 ^{15}N 值有机含氮化合物，这些化合物经过微生物分解，优先消耗挥发性含 ^{14}N 的气态氨，留下富含 ^{15}N 的铵，随后转化成高 ^{15}N 的硝酸盐被植物吸收，① 从而带来植物 $\delta^{15}N$ 值的提高。

在种植过程中发现，富含腐殖质土壤中生长的粟在整个生长期表现出与施加化肥和有机肥一样的较快长势，然而 $\delta^{15}N$ 值却与不施肥的粟更为接近。腐殖质主要由杂草腐烂形成，以植物质成分为主，虽然可以为植物生长提供氮源，但本身 ^{15}N 含量低，并且无须太多转化就可以被植物吸收，并不会带来植物 $\delta^{15}N$ 值的显著改变。

---

① Heaton T. H.，"Isotopic Studies of Nitrogen Pollution in the Hydrosphere and Atmosphere：A Review"，*Chemical Geology*：*Isotope Geoscience Section*，Vol. 59，1986，pp. 87－102；Kendall C.，"Tracing Nitrogen Sources and Cycling in Catchments，Isotope Tracers in Catchment Hydrology"，*Elsevier*，1998，pp. 519－576；Kreitler C. W.，Jones D. C.，"Natural Soil Nitrate：The Cause of the Nitrate Contamination of Ground Water in Runnels County，Texas"，*Groundwater*，Vol. 13，No. 1，1975，pp. 53－62.

需要指出的是，施肥对植物 $\delta^{15}N$ 值的明显提高是通过长期持续的施肥管理实现的。受试验周期所限，本次实验中施肥仅带来粟 $\delta^{15}N$ 值 0.8‰的改变，并且 $\delta^{15}N$ 值分布较为分散，这反映的是一次施肥后的效果，如果要得到长期施肥对粟 $\delta^{15}N$ 值的影响，需要今后设计更长周期的种植实验。

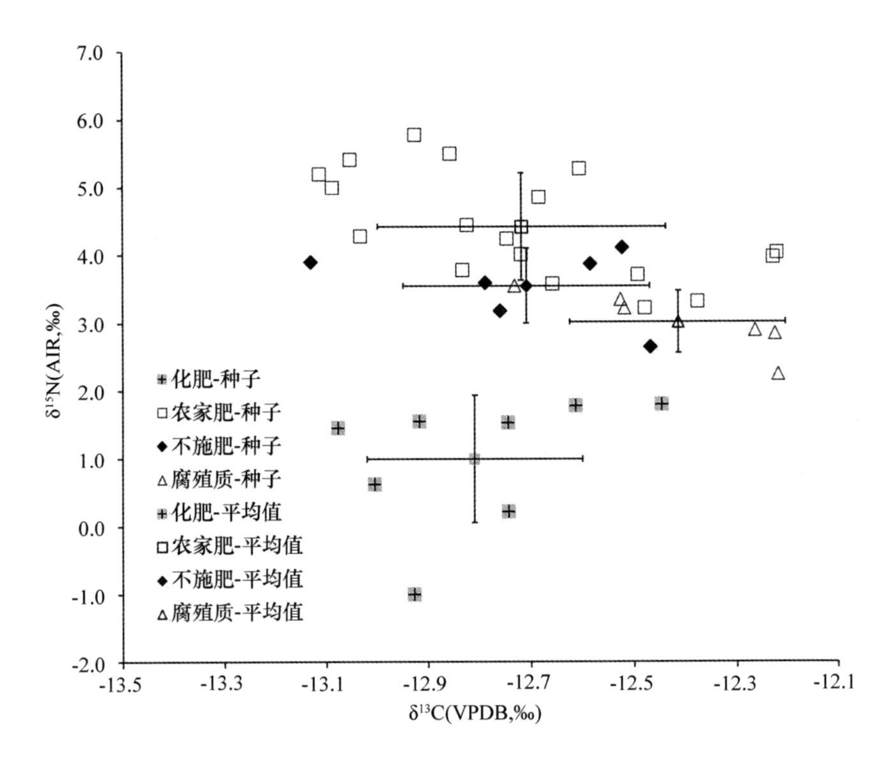

图 3 不同施肥条件下粟 $\delta^{13}C$、$\delta^{15}N$ 值的比较

二 植物不同部位同位素分馏情况

由于叶片、稃壳、秸秆的 $\delta^{15}N$ 值数据不够理想，无法对不同部位氮同位素分馏情况进行探讨，这里仅讨论碳同位素的分馏情况。如图 4 所示，种子、叶片、秸秆、稃壳这四个不同部位中秸秆

的 $\delta^{13}C$ 均值最高（-12.6 ± 0.3 ‰，n = 24），其次是种子样品（-12.7 ± 0.3 ‰，n = 24），叶片次之（-13.2 ± 0.3 ‰，n = 24），稃壳最低（-13.5 ± 0.4 ‰，n = 23）。不同部位间 $\delta^{13}C$ 平均值之差不足 1‰。ANOVA 检验结果显示，种子、叶片、稃壳之间具有显著性差异（$p \leqslant 0.05$），而种子与秸秆之间不具有显著性差异（$p = 0.41$）（表 7）。一般认为，先民将收获的粟、黍脱壳后进行食用，而谷物加工后留下的副产品（稃壳、叶片、秸秆等）会用于家畜的喂养。由于种子与叶片、秸秆、稃壳之间的 $\delta^{13}C$ 差值较小，并且种子与秸秆的 $\delta^{13}C$ 值并未表现出显著性差异，因此，认为植物不同部位的同位素分馏值可以忽略，即使食用了粟的不同部位也不会对人和家畜 $\delta^{13}C$ 差值带来很大改变。

表 7　**粟不同部位 $\delta^{13}C$ 值 ANOVA 检验**

变量	平均值差	标准差	显著性	95% 置信区间		
				Lower Bound	Upper Bound	
种子	稃壳	0.84	0.10	0.00	0.65	1.03
	秸秆	-0.08	0.10	0.41	-0.27	0.11
	叶片	0.56	0.10	0.00	0.37	0.75
稃壳	种子	-0.84	0.10	0.00	-1.03	-0.65
	秸秆	-0.92	0.10	0.00	-1.11	-0.73
	叶片	-0.28	0.10	0.00	-0.47	-0.09
秸秆	种子	0.08	0.10	0.41	-0.11	0.27
	稃壳	0.92	0.10	0.00	0.73	1.11
	叶片	0.64	0.10	0.00	0.45	0.83
叶片	种子	-0.56	0.10	0.00	-0.75	-0.37
	稃壳	0.28	0.10	0.00	0.09	0.47
	秸秆	-0.64	0.10	0.00	-0.83	-0.45

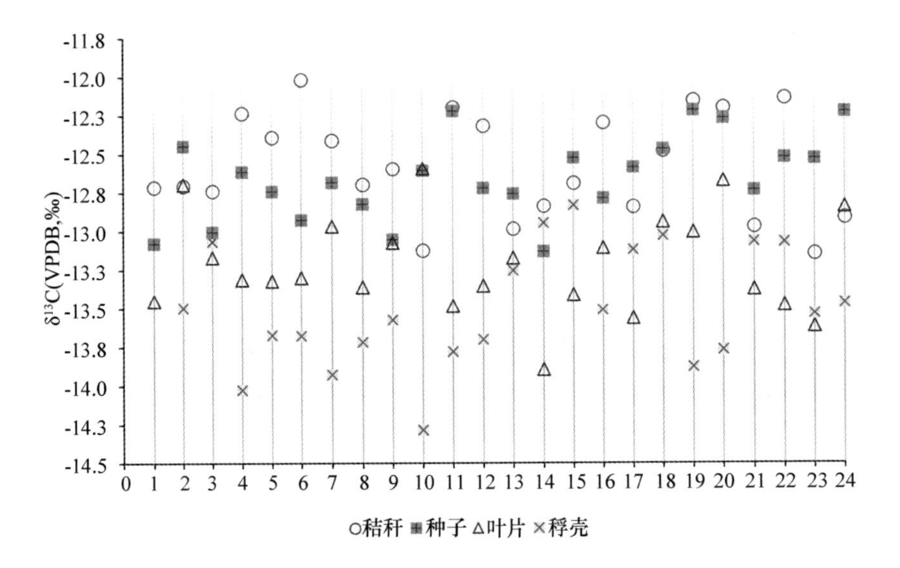

图4 秸秆、种子、叶片、稃壳间 $\delta^{13}C$ 值比较

三 种子稳定同位素值的分布情况

图5为随机选取的7株粟（1株施化肥、6株施农家肥）谷穗上、中、下不同部位种子 $\delta^{13}C$、$\delta^{15}N$ 值的比较，同一谷穗不同部位 $\delta^{13}C$ 差值的平均值为 0.2 ±0.1 ‰（n =7），最大差值 0.3，最小差值 0.1；$\delta^{15}N$ 差值的平均值为 0.6 ±0.5 ‰（n =7），最大差值为 1.6，最小差值 0.1。考虑到同位素质谱仪本身存在测试误差（小于 ±0.2 ‰），并且现代实验表明，同一片田地单次收获的谷物之间 $\delta^{15}N$ 值的差异约为 2‰。① 因此认为，种植实验呈现出的粟不同部位 $\delta^{13}C$、$\delta^{15}N$ 值之间的差异在接受范围内。

① Bogaard A. , Heaton T. H. E. , Poulton P. , et al. , "The Impact of Manuring on Nitrogen Isotope Ratios in Cereals: Archaeological Implications for Reconstruction of Diet and Crop Management Practices", *Journal of Archaeological Science*, Vol. 34, No. 3, 2007, pp. 335 –343.

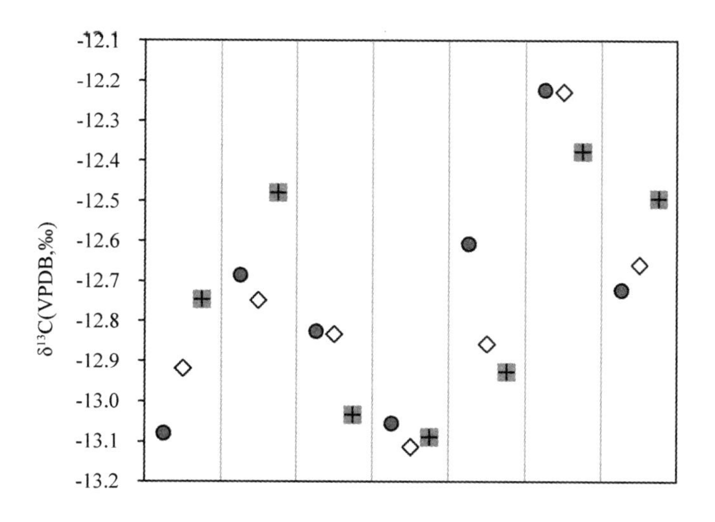

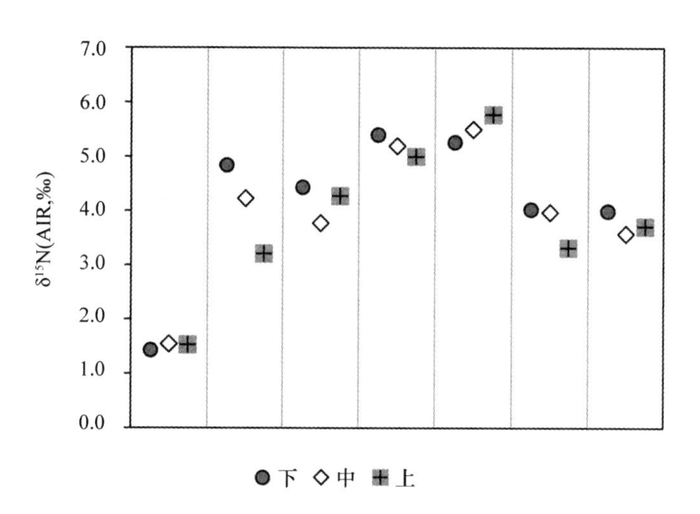

图 5　谷穗不同部位种子 $\delta^{13}C$、$\delta^{15}N$ 值比较

四　炭化对稳定同位素值的影响

从考古遗址中获得的植物种子大多是经过炭化得以保存下来的。炭化过程伴随着一系列的化学反应，这一过程是否会带来碳、氮稳定同位素的改变？这是在开展植物稳定同位素研究工作前，首先要考虑到的问题。

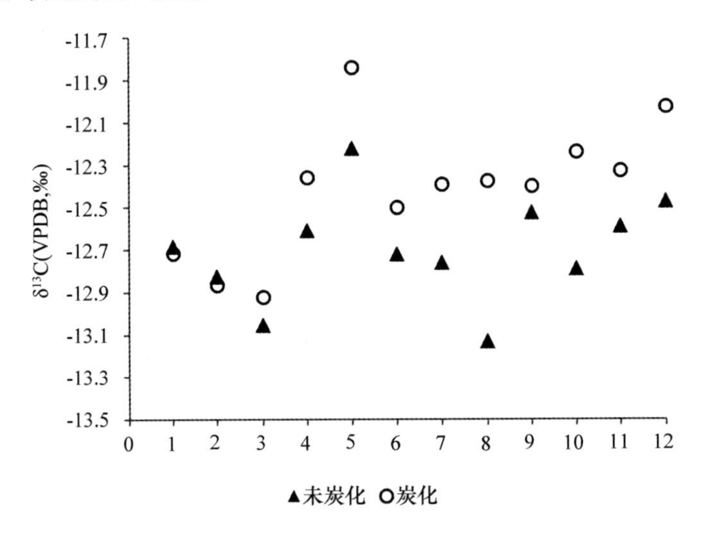

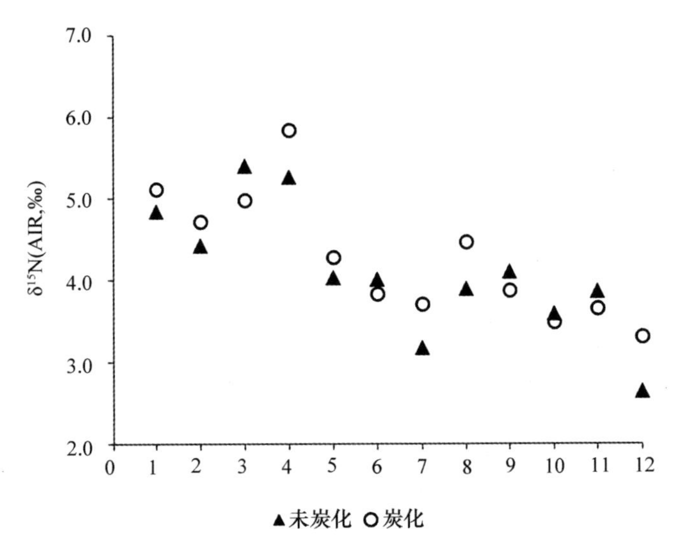

图6 炭化前后种子 $\delta^{13}C$、$\delta^{15}N$ 值比较

研究中随机选取六株施化肥、六株施农家肥的样品，采集谷穗下部种子样品，对得到的样品一部分进行炭化处理（马弗炉 230℃

加热24小时），一部分不作任何处理，测试两组样品的同位素值并比较，结果如图6所示。其中 $\delta^{13}C$ 差值平均值为 $0.3 \pm 0.2‰$（$n = 12$），$\delta^{15}N$ 差值的平均值为 $0.4 \pm 0.2‰$（$n = 12$）。炭化前后 $\delta^{13}C$、$\delta^{15}N$ 的差值较小，均在可接受范围之内。因此可以认为，炭化并没有对种子碳、氮稳定同位素造成显著改变，这一结论也在前人的研究中得到印证。①

第四节　小结

通过对粟进行一个生长周期下不同施肥条件的种植实验，测试并比较其碳、氮稳定同位素值，初步认为：

1. 施加有机农家肥会带来粟 $\delta^{15}N$ 值的升高，而化肥会带来 $\delta^{15}N$ 值的降低，因此，可以将 $\delta^{15}N$ 值升高作为粟类作物施有机肥的证据。

2. 同一植株谷穗不同部位的种子 $\delta^{13}C$、$\delta^{15}N$ 值没有明显差异，因此植物种子 $\delta^{15}N$ 值主要受环境影响，受自身条件影响不大，在讨论施肥管理时，可以排除个体差异对 $\delta^{15}N$ 值带来的影响。

3. 炭化不会带来 $\delta^{13}C$、$\delta^{15}N$ 值的明显改变，可以直接将考古植物遗存 $\delta^{13}C$、$\delta^{15}N$ 值与现代植物进行比较。

---

① Araus J. L., Febrero A., Buxo R., et al., "Changes in Carbon Isotope Discrimination in Grain Cereals from Different Regions of the Western Mediterranean Basin During the Past Seven Millennia, Palaeoenvironmental Evidence of a Differential Change in Aridity During the Late Holocene", *Global Change Biology*, Vol. 3, No. 2, 1997, pp. 107 – 118; Kanstrup M., Thomsen I. K., Mikkelsen P. H., Christensen B. T., "Impact of Charring on Cereal Grain Characteristics: Linking Prehistoric Manuring Practice to $\delta^{15}N$ in Archaeobotanical Material", *Journal of Archaeological Science*, Vol. 39, No. 7, 2012, pp. 2533 – 2540; Ferrio J. P., Voltas J., Alonso N., Araus J. L., "Reconstruction of Climate and Crop Conditions in the Past Based on the Carbon Isotope Signature of Archaeobotanical Remains", *Terrestrial Ecology*, Vol. 1, 2007, pp. 319 – 332.

作为一个初步试验，实验中难免存在很多不足之处，比如，缺乏对施肥量的控制，缺少不同施肥程度的数据，无法建立施肥量与 $\delta^{15}N$ 值的线性关系；种植时间仅为一个生长周期，无法探讨长期施肥对植物 $\delta^{15}N$ 值的影响；实验对象单一，仅为同一个品种的粟，并且没有涉及黍，缺乏代表性。由于无法在短时间内建立一个较为成熟的粟、黍施肥模型，因此，在接下来的讨论中，仍然借鉴 Bagaard 等人建立的施肥模型。

第五章　白水河流域植物遗存及其稳定同位素研究

第一节　自然地理与考古学背景

一　白水河流域自然地理概况①

白水河（见图7）是黄河二级支流洛河的一条支流，因水质清澈，加之河床、台地都是白色大理石、石灰岩组成，故名白水河。白水河发源于陕西省中部铜川市宜君县云梦山南麓，流经铜川、渭南，于白水县三眼桥附近汇入洛河，河流总长75千米，河床平均宽7米，平均流量1.16立方米/秒，流速3米/秒，总流域面积760平方千米。流域上游为灌木林区，植被较好。白水河流域位于陕西省关中东部，渭河盆地北沿，桥山、黄龙山之南，洛河之滨，处于渭北黄土台塬与陕北高原的过渡地带，是文化交汇与碰撞的敏感区域。

白水县因河得名，《雍·大纪》载："秦置白水县，以县临白水也。"地处北纬35°03′46″—35°47′09″，东经109°16′27″—109°45′52″之间。北以黄龙山、雁门山为界与黄龙、洛川、宜君三县相依；南至两贤庙，东南至龙山与蒲城为邻；东隔孔走河、洛河与澄城相望；西至白石河与铜川市接壤。

---

① 白水县县志编纂委员会：《白水县志》，西安地图出版社1989年版。

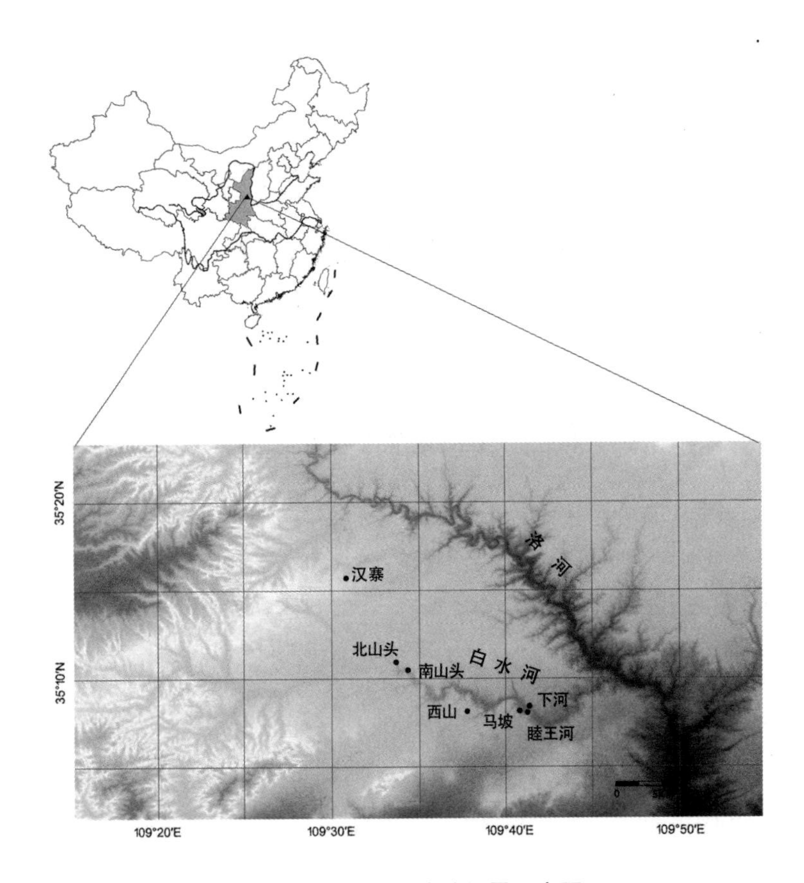

图7 白水河流域遗址位置示意图

白水县地势西北高，东南低，海拔445米—1543.3米。境内有大小河流14条，以洛河、白水河两大水系为主，沿河地带梁峁沟壑众多。西部、北部为土石山区，中部、南部为黄土高原和台塬地带。西北有雁门山、东北有黄龙山、东南有五龙山，三山之间堆积着深厚的黄土，宽广的黄土塬被洛河、白水河等河流及其支沟切割得支离破碎，形成多种地貌。地貌总体分中低山区、黄土梁塬、黄土台塬、黄土沟谷四种类型。白水县及其周边的澄城、韩城、合阳等县的黄土塬位于同一阶地，海拔500米—800米，呈北高南低的缓坡，因地势高亢，向来有着发达的旱作农业，古代先民长期活动留下了丰富的古代遗存。

该区域为暖温带大陆性季风气候，四季分明，雨热同期，无霜期长。平均气温 11.4 ℃，最低气温约 -16.7 ℃，最高气温 39.4 ℃。降水量 577.8 毫米，降水年际变化大，年内分配不均，且多为暴雨。日照充足，光热条件好。当地农业主要种植小麦、玉米、高粱、荞麦、苹果等作物。因自然环境优越，适宜农作物生长。

白水河流域考古工作自 1986 年文物普查后处于长期停滞状态，自 2010 年重新启动以来，陕西省考古研究院在此连续开展工作，进行区域系统考古调查，累计调查 43 平方千米，发现了大量各时期遗存，基本建立了区域考古学文化序列。基于考古调查的成果，陕西省考古研究院进行了一系列的考古发掘，包括南山头遗址的东庄类型遗存、下河西村遗址的仰韶中晚期和龙山时期遗存、南乾西山的仰韶文化晚期遗存、蒲城马坡的庙底沟二期遗存、尧禾汉寨的庙底沟二期遗存等，特别是下河遗址当中仰韶时代中期特大型房址的发现，反映了该地区较为集中的社会权力与资源，以及高度发展的社会组织，也凸显出该地区在探索新石器时代人类活动方面的重要地位。[①]

二　各遗址点考古学文化概况

（一）下河遗址 II 区概况

下河遗址 II 区包含自仰韶晚期到龙山时期的房址、灰坑和墓

① 王炜林、张鹏程、袁明：《陕西白水县下河遗址大型房址的几个问题》，《考古》2012 年第 1 期；韩建业：《庙底沟时代与“早期中国”》，《考古》2012 年第 3 期。

葬等遗迹。2005 年以来共发掘瓮棺葬 53 座，成人墓葬 12 座。瓮棺葬出土器物较多，其中以单把鬲、铲形足三足瓮、圜底瓮为主要组合，兼有双錾鬲、斝、圜底瓮、高领罐、筒形器等，其中以单把鬲为大宗。成人墓葬除 3 座灰坑葬外均为单人小墓，无随葬品，葬式主要为仰身直肢和侧身屈肢。这批墓葬的年代略晚于庙底沟二期文化，属龙山文化最早阶段，所出陶鬲形态与杏花村 H118 相当，而其他一些陶器与庙底沟二期文化晚段的同类器几无区别。

表 8 **下河遗址 II 区主要遗迹单位文化性质表**

单位	文化性质	单位	文化性质	单位	文化性质
H14	庙底沟	H20②	庙底沟二期晚段	H19	龙山
H43	仰韶晚期 III 段	H30	庙底沟二期	H45	龙山
H9	仰韶晚期 I 段	H20	庙底沟二期晚段	H24①	龙山
T9⑧	仰韶	H21	庙底沟二期	H34	龙山
G1①	仰韶晚期 I 段	H38	龙山	T2⑤	客省庄二期
T7⑩	仰韶	H29	龙山	T2④b	客省庄二期
G1	仰韶晚期	H36②	龙山	T7④b	客省庄二期
G1③	仰韶晚期	G7	龙山	T2⑤	客省庄二期
G1②	仰韶晚期 I 段	H24②	龙山	T2④b	客省庄二期
H49	仰韶晚期 II 段	H18	龙山		
H48	仰韶晚期 III 段	H53	龙山		

下河遗址 II 区的发掘揭示了洛河中游的考古学文化面貌，发现了一批重要遗存，填补了关中东部和黄土高原南缘区域考古学文化的空白。这些发现对于东庄类型与庙底沟文化的关系、庙底沟文化区域中心聚落、仰韶向庙底沟二期文化的转变、陶鬲的产生与传播等问题的研究具有重要意义。

（二）南山头遗址概况

南山头遗址居于白水县西，地理坐标为北纬35°10′30.35″，东经109°34′24.9″。2012年，陕西省考古研究院在此发掘了130平方米，发掘清理了房址1座、窑址1座、沟2条、灰坑16个。房址为长方形半地穴式，坐北朝南，复原面积不小于84.64平方米；残存部分由墙体、居住面、柱洞、二层平台四部分组成。出土遗物主要有陶器、石器、动物骨骼等。陶器以泥质红陶、夹砂灰褐陶为主，纹饰主要有绳纹、素面、彩陶等，主要器形有尖底瓶、彩陶钵、夹砂罐等。南山头遗址分布有半坡文化东庄类型（典型遗迹单位有H13、G2、F2等）、西王村文化（典型遗迹单位H15）、庙底沟二期文化（典型遗迹单位H10）、龙山时期到战国时期（典型遗迹单位有H11、H12等）较为连续的文化堆积，为浮选工作的开展创作了良好的条件。

表9　　**南山头遗址主要遗迹单位文化性质表**

单位	文化性质
H13、G2、F2	半坡文化东庄类型
H15	西王村文化
H10	庙底沟二期文化
H11、H12	龙山时期到战国时期

（三）睦王河遗址概况

睦王河遗址位于蒲城县罕井镇睦王河村东侧，遗址平面呈长方形，东西120米，南北100米。文化层长约40米，厚0.3米—0.5米，层内包含大量夹砂、泥质红陶残片。发现的两座灰坑内除包含有大量泥质红陶残片外，还发现有少量动物骨骼，遗存属半坡文化晚期东庄类型。

（四）北山头遗址概况

北山头遗址（北纬 109°33.701′，东经 35°10.946′，海拔 795 米）位于陕西省渭南市白水县下河村北山头组南侧西梁的中部（该处原为一水泥厂），北接北山头组，东与南山头发掘区遥遥相望，南临白水河，西为一条南北向冲沟。2012 年调查时于断崖处发现灰坑一座，坑底暴露出厚约 15 厘米炭化种子层，随后进行发掘清理。灰坑平面形状为圆角正方形，边长 1.9 米，平底，直壁，东壁底部有一高 50 厘米、宽 35 厘米、厚 0.5 厘米的红烧面，较为光滑。坑内填土可分二层，上层为松散的灰黄色填土，内含植物根系、草木灰、烧土点、沙石块等，出土极个别陶片，以红陶为主、灰陶为辅，泥质陶多于夹砂陶，素面最多、绳纹次之、彩陶最少，无可辨器型；下层为松散的黑灰色填土，内含大量炭化的植物种子，偶有红烧土块出现，无陶片出土。年代属仰韶文化晚期。

表 10　睦王河等遗址文化性质表

遗址	文化性质
睦王河遗址	半坡文化晚期东庄类型
北山头遗址	仰韶文化晚期
西山遗址	仰韶文化晚期
马坡遗址	庙底沟二期文化
汉寨遗址	庙底沟二期文化

（五）南乾西山遗址

南乾西山遗址仅分布有仰韶文化晚期遗存，调查发现了白灰面房址 15 座、灰坑 5 座、窑址 1 座。陕西省考古研究院抢救性清理了两个灰坑，陶系基本为灰陶，泥质陶锐减，发现了灰陶喇叭口篮纹尖底瓶等标本。

（六）蒲城马坡遗址

蒲城马坡遗址 H1 挂露在断崖上，两面被流水冲刷，陕西省考古研究院对其进行了抢救性清理，确定了其属庙底沟二期文化，出土器形有盆形斝、单耳罐、高领折肩罐、圜底釜、铲足釜、盆等，其中可复原器物 30 余件。

（七）尧禾汉寨遗址

尧禾汉寨遗址分布有庙底沟二期文化遗存，陕西省考古研究院抢救性清理了两个挂于断崖上的灰坑。

半坡文化东庄类型因山西芮城东庄村[①]的发掘而得名，以山西芮城东庄村仰韶文化遗存和翼城北橄一、二期[②]为代表，时代介于半坡文化和庙底沟文化之间。[③] 该类型嬗变为庙底沟文化。东庄类型和庙底沟文化带来了一次大规模的文化扩张，造成仰韶文化的“庙底沟化”和空前统一的局势，深刻地改变了古代社会，不仅使仰韶文化分布的地区形成空前一致的文化面貌，更使得庙底沟文化影响到的广大东部地区诸考古学文化交融联系，形成一个稳定的文化共同体。[④]

庙底沟二期文化是以晋西南、豫西为中心，以小口平底瓶、

---

① 中国社会科学院考古研究所：《山西芮城东庄村和西王村遗址的发掘》，《考古学报》1973 年第 1 期。

② 山西省考古研究所：《山西翼城北橄遗址发掘报告》，《文物季刊》1993 年第 4 期。

③ 张忠培、严文明：《三里桥仰韶遗存的文化性质与年代》，《考古》1964 年第 6 期。

④ 韩建业：《庙底沟时代与“早期中国”》，《考古》2012 年第 3 期。

斝、釜灶、夹砂罐、鼎等构成陶器组合的考古学文化,[①] 时期处于仰韶文化、龙山文化的过渡阶段，文化既有仰韶文化的某些特点，也有龙山文化的鲜明特征，使得中原地区古代文明的连续性，乃至中国古代文明的连续性得到了考古学的证明。甚至有学者认为其“承上启下”，称其为“具有过渡特点的‘亚时代’”[②]。庙底沟二期最大的变化是原仰韶晚期文化的进一步分解，尖底瓶开始消失，斝出现，以及相应的一些变化，标志着仰韶时代的结束和向新时代——龙山时代的过渡。[③]

庙底沟二期文化前的仰韶文化时期社会相对稳定，文化基本是按自己的传统平稳发展下来的，文化面貌有着连贯性和内在的一致性，文化中心区对周边地区具有强烈的辐射力和凝聚力。庙底沟二期文化时期，仰韶文化由统一走向分化，各地区走上了各自独立的发展道路。而随后的龙山文化时期，文化的流转变动、交汇融合、相互渗透、相互冲击表现得空前剧烈，文化格局再一次重新组合。庙底沟二期文化所承接的前后文化表现出了截然不同的文化面貌和特征，这一时期为何会带来文化的剧烈变化呢？围绕庙底沟二期文化的讨论一直持续，长期以来是学术界关注的焦点。

白水河流域半坡文化东庄类型和庙底沟二期遗存的发现，为研究这两个时期考古学文化发展变迁提供了重要材料，对这两个时期植物遗存的研究也可为人类活动提供重要依据。

---

① 卜工:《庙底沟二期文化的几个问题》,《文物》1990 年第 2 期。

② 韩建业:《晋西南豫西西部庙底沟二期—龙山时代文化的分期与谱系》,《考古学报》2006 年第 2 期。

③ 戴向明:《黄河流域新石器时代文化格局之演变》,《考古学报》1998 年第 4 期。

第二节　白水河流域遗址大植物遗存研究

地理环境的特殊性和文化的丰富性使得白水河流域的农业活动研究具有重要意义。而目前对于该地区农业活动的研究主要集中在下河遗址，其他遗址的相关研究还十分缺乏，影响对这一区域的综合性研究。基于该区域的重要性以及农业活动研究不足的现状，本研究将运用植物考古学方法，并结合高精度年代数据，以期建立白水河流域新石器时代晚期农业活动年代框架，复原当地先民农业生产特征及变化。

该研究材料年代跨越仰韶文化早中期到龙山文化时期，涵盖了半坡文化东庄类型和庙底沟二期文化两个文化过渡时期，期望能为这一时期的考古学研究提供植物考古学方面的相关信息。白水河流域面积760平方公里，是一条总长75公里的小流域，流域内微观环境较为简单，选择该流域内新石器时代晚期几处考古遗址，有针对性地进行植物遗存研究，更利于研究该区域植物利用、农业结构等相关问题，并期望为该区域聚落考古的开展提供植物考古方面的材料支持。

本研究选择白水河流域七处新石器时代晚期遗址，采集了浮选样品和植物遗存样品，这七处遗址分别是：下河遗址II区、南山头遗址、睦王河遗址、北山头遗址、西山遗址、马坡遗址、汉寨遗址。北山头遗址采集了一份炭化植物样品，对其中7604粒炭化种子进行了鉴定统计。初步得到各时期各遗址作物结构、农业生产等信息。采样及浮选结果情况见表11。

表11 各遗址采样、浮选结果统计表

遗址	样品数量/份	样品容积/L	种子数量
下河遗址Ⅱ区	35	1430	2908
南山头遗址	23	928	726
睦王河遗址	1	114	205
北山头遗址	1	—	7604
西山遗址	4	152	189
马坡遗址	1	24	785
汉寨遗址	2	72	502
总计	67	2720	12919

一 材料与方法

（一）土样采集与浮选

目前植物考古土样采集主要采用三种方法：剖面采样、针对性采样、网格式采样。[①] 剖面采样是从人为揭露或自然暴露的剖面上采集土样，适用于遗址小规模试掘或区域遗址调查。针对性采样是指根据不同的埋藏背景有针对性地进行采样，如从灰坑、房址、窖穴、灶坑、墓葬等不同遗迹单位以及器物内积土中采集样品，适用于随常规考古发掘进行取样，是目前最常用的采样方法。网格式采样法是将采样区域人为划定网格区域，每个网格或随机选取几个网格进行取样。一般用于发掘经费和时间都比较充裕的重点考古遗址，最大限度了解遗址中古代植物遗存的完整情况。

土壤中的植物遗存一般通过浮选工作获得。浮选是利用水对泥土的溶解分离作用，从土壤中获取植物遗存的一种方法。其基本原

① 赵志军：《植物考古学的田野工作方法——浮选法》，《考古》2004年第3期。

理是，炭化物比重小于水，而土壤颗粒比重大于水，将含有植物遗存的土壤置于水中并充分搅动，就可使炭化物浮于水面，从而进行收集。目前国内常见的浮选设备主要是水波浮选仪和小水桶。

水波浮选仪是由加拿大植物考古学家 Gary Crawford 根据前人研究改制而成，而我国目前普遍使用的浮选仪是由赵志军先生进一步改进的。水波浮选仪一般由水箱、粗筛、细筛、细筛托、支架五部分组成。水波浮选仪设备较大，不易搬动，用水量很大，但浮选效率高，尤其是在土样量大的情况下。目前各考古所和高校普遍使用该设备。

小水桶浮选法设备简单易得，便于搬动，用水量少，但是浮选效率不高，土样量大时需要分多次反复浮选，因此不适合大规模的浮选工作，比较适用于水源缺乏的考古工地。浮选得到的样品分轻浮和重浮两部分，分别悬挂于阴凉处晾干后收取，用于接下来的实验室分析。

（二）室内分析

浮选结果自然阴干后进入实验室进行处理和分析，处理和分析过程通常包括筛分、植物分类、种属鉴定、量化分析四个步骤。

浮选出土的各类炭化植物遗存由于大小差异较大，同时放在显微镜同一视野下观察时，需要不断调整焦距，影响工作效率。因此，在进行鉴定前，需借助不同规格的分样筛对样品进行筛分，通常用到的分样筛规格有：10、18、26、55 目，对应的网孔径分别为 2、1、0. 7、0. 5 毫米。各分样筛上的样品分别借助放大镜或显微镜挑选出各种植物种子并进行初步鉴定，55 目筛下物主要为黏土颗粒和炭屑，其中包含的细小植物种子大多与人类生活关系较小，并且缺乏鉴定特征和鉴定意义，对这部分筛下物可不作处理。

浮选出土的炭化植物遗存一般有炭化木、根茎、果实、种子四大类，其中炭化种子是浮选植物遗存的主要组成部分，也是本次农业活动研究的重要材料。比较常见的炭化种子有各类禾本科农作物、杂草以及豆科、藜科、苋科、蓼科等科属。炭化植物种子的种属鉴定，主要是与现代植物种子标本进行对比，但是由于埋藏和采样过程的破坏，炭化植物种子大多变形、破碎，较现代种子失去许多鉴定特征，此外，炭化种子中往往会混入一些未炭化的伪古植物遗存，这些情况都需要在鉴定过程中多加注意和小心。

（三）定量分析

对植物遗存鉴定完毕后，可定性地得到关于某种作物在何时、何地出土的相关信息。随着大植物遗存资料的累积和研究方法的发展，多种方法结合的定量分析成为系统、科学的植物考古学研究的重要途径。直接统计各类植物遗存数量称为绝对数量分析，是植物考古学最基本的定量分析手段。由于不同植物遗存自身结构、成分的差异，以及人类对不同植物的利用方式不同，不同种类植物遗存炭化的几率会有很大差异；加上埋藏环境不同、提取过程存在人为干扰等因素，使得最终得到的植物考古数据同实际情况有一定的误差。[①] 考虑到这些误差的客观存在，除了采用绝对数量分析外，还应结合多种分析方法，更完整、科学地揭示植物遗存信息。其中，出土概率、密度、百分比分析是几种比较常用的定量分析方法。[②]

---

① 赵志军：《考古出土植物遗存的误差》，《文物科技研究（第一辑）》，科学出版社2004年版，第78—84页。

② 刘长江、靳桂云、孔昭宸：《植物考古：种子和果实研究》，科学出版社2008年版。

1. 出土概率分析

植物遗存的出土概率指示的是遗址中发现某种植物的可能程度，是通过计算出土有某种植物的样品数量在采集得到的所有样品总数中所占比例得出的。出土概率仅以“有”和“无”作为计量标准，不考虑绝对数量，排除了某些特殊条件形成且植物遗存数量较多的单位对整个遗址结果的影响，一定程度上减弱了误差对结果的影响。出土概率计算公式为：植物遗存在各单位中出现的次数/所有单位数×100%。某种植物的出现次数显示了其在人类生活中的重要程度，理论上，与人类密切相关的植物在遗址中的分布范围应当越大，出现的频率也越高。然而实际上，许多因素会影响植物的出土概率，如果某种植物在种植地收获加工后带到居住地集中消费，那么它出现的次数会大大降低，无法准确反映出实际利用情况。虽然如此，某种植物出土概率的变化也能够提供人类利用该植物变化过程的一些重要信息。

2. 种子出土密度

植物遗存标准密度即每升土样所包含的植物种子数量或重量，计算方法为炭化种子数量或重量/浮选土样量，以避免不同遗迹单位土样量不一致对分析结果产生的影响。植物遗存标准密度可用于同一遗址以及不同遗迹间的对比研究，在研究中，应当注意不同遗迹单位的性质，即具有相似出土环境的植物遗存密度才具有可比性，如居住址中不同时期垃圾坑中种子密度的对比可以反映利用植物的变化情况，而灰坑、房址、地层等不同性质的单位间的比较则缺乏研究的前提。

3. 相对百分比

相对百分比分析将植物遗存的绝对数量换算成相对百分比，通过百分比形式衡量不同植物的丰富程度，观察植物种类的相互取代情况。[①] 利用相对百分比分析可以观察同一遗址不同时期或者同时期不同遗址间植物类型的消长情况，是研究古代农业活动变化的有效方法。

本研究中的样品来自白水河流域下河遗址 II 区、南山头遗址、睦王河遗址、北山头遗址、西山遗址、马坡遗址、汉寨遗址七处遗址，共采集浮选样品 66 份，此外还有 1 份来自北山头遗址直接取样的炭化种子样品。结合该地区以往浮选工作开展情况，多数单位种子密度较小，因此适当加大了浮选土样量，一般每份样品取 40 升土样。

下河遗址 II 区浮选样品随发掘工作采集，共 35 份土样，共约 1430 升，平均每份土样约 40 升，来自灰坑、灰沟、地层、房址等遗迹单位。通过对层位关系及出土遗物分析，下河遗址 II 区文化堆积大致分为三个时期：仰韶文化时期、庙底沟二期文化时期、龙山文化时期。明确属于这三个时期的样品数为 31 份，具体采样情况见表 12。

表 12　　**下河遗址 II 区浮选样品采集情况**

样品数	灰坑	灰沟	地层	合计
仰韶文化	5	4	2	11
庙底沟二期文化	4	0	0	4
龙山文化	10	1	5	16
合计	19	5	7	31

① Renfrew J., *Palaeoethnobotany*: *The Prehistoric Food Plants of the Near East and Europe*, Columbia University Press, Edinburgh, 1973, pp. 9 – 15.

南山头遗址浮选样品随发掘工作采集，共计采集 23 份土样（总计约 928 升），平均每份土样约 40 升。南山头遗址性质明确，为新石器时代到战国时期先民的居住区，根据这一性质，随发掘每发现一处遗迹即取一份浮选土样，如果遗迹单位分层的话，则逐层分别取样。样品性质包括灰坑、灰沟、房址等，主要以灰坑为主。

通过对层位关系及出土遗物分析，南山头遗址文化堆积大致分为四个时期：半坡文化晚期、西王村文化、庙底沟二期文化、龙山到战国时期。因发掘资料尚在整理过程中，明确属于这四个时期的浮选样品共 19 份，另有 4 份样品的年代情况仍不明确。此外，具体的时代划分也需要进一步的研究。由于各个时期堆积情况和遗迹分布情况不同，各个时期所得浮选样品的比例亦有很大差异，其中半坡文化晚期样品数量最多，占到总样品数量的 52.63%，其次是龙山到战国时期，占总样品数量的 36.84%，西王村文化、庙底沟二期文化样品数量最少，各占 5.26%（表 13）。

表 13　　**南山头遗址浮选样品采集情况**

样品数	灰坑	灰沟	房址	合计
半坡文化晚期	2	2	6	10
西王村文化	1	0	0	1
庙底沟二期	1	0	0	1
龙山到战国	7	0	0	7
合计	11	2	6	19

睦王河遗址采集有半坡文化晚期浮选样品 1 份，约 114 升。北

山头遗址炭化种子遗存较为纯净，直接在坑底炭化种子堆积中取样进行鉴定和统计。南乾西山遗址共采集4份浮选土样，全部来自灰坑，约152升。马坡遗址随调查工作取样，共1份土样，约24升。尧禾汉寨遗址共采集2份浮选样品，皆来自灰坑，共72升。

二　白水河流域浮选样品分析结果

（一）白水河流域新石器时代晚期农业活动年代框架的建立

结合发掘者对各单位考古学文化的判断，本研究选取具有代表性的炭化样品送交北京大学和Beta实验室进行加速器质谱（AMS）碳十四年代测定，最后得到9个测年结果，并用OxCal v 3.10软件进行日历年龄校正（表14），初步建立了白水河流域新石器时代晚期农业活动的年代框架（图8）。

表14　**各遗址AMS年代测定结果（^{14}C半衰期：5730年）**

实验室编号	样品材料	遗址	出土单位	AMS^{14}C年龄（BP）	校正年龄（2σ）
BA130786	木炭	下河	H43	4515±20	5050BP—5190BP
BA130787	炭化粟	下河	H20②	3770±30	4070BP—4240BP
BA130789	炭化粟	马坡	H1	3820±25	4140BP—4300BP
BA130921	炭化黍	南山头	F2	4685±30	5310BP—5480BP
BA130922	炭化粟	南山头	H15	4340±30	4840BP—4980BP
BA130790	炭化粟	南山头	H10	4265±25	4820BP—4865BP
BA131926	炭化粟、黍	南乾西山	H5	4305±40	4820BP—4980BP
BA131927	炭化粟	尧禾汉寨	H2	3925±25	4250BP—4440BP
Beta-422852	炭化粟	北山头	H1	4410±30	5320BP—5575BP

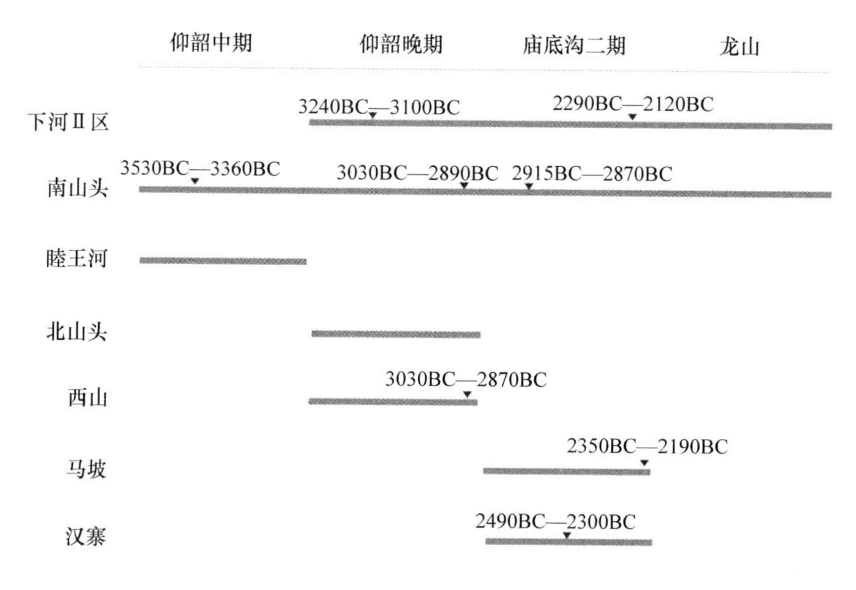

图8　白水河流域新石器时代晚期各遗址年代框架

（二）白水河流域出土主要植物遗存种类

下河遗址Ⅱ区、南山头遗址、睦王河遗址、北山头遗址、西山遗址、马坡遗址、汉寨遗址得到的炭化植物遗存包括木炭和种子。下面将分类对这些种子进行介绍。

1. 粟（Setaria italica）

七处遗址均有大量炭化粟出土。直径多在1mm—1.5mm之间，颖果表面较光滑，形状小而圆鼓。大多数不见胚，胚区狭长、凹陷呈沟状，占种子长度的2/3左右。大多数已不见稃皮，极少见稃皮全包者，少量在腹面保留有小片稃皮，稃皮表面有排列不规则的颗粒状突起（图9）。

粟是禾本科狗尾草属一年生草本作物，学术界普遍认为是起源于中国北方的栽培作物，由青狗尾草（Setaria viridis）人工驯化而来。[①] 我国北方俗称谷子，脱壳后的米粒称小米，南方则统称为小米。目前中国是世界上粟种植面积最大的国家，占世界总种植量的90%以上。

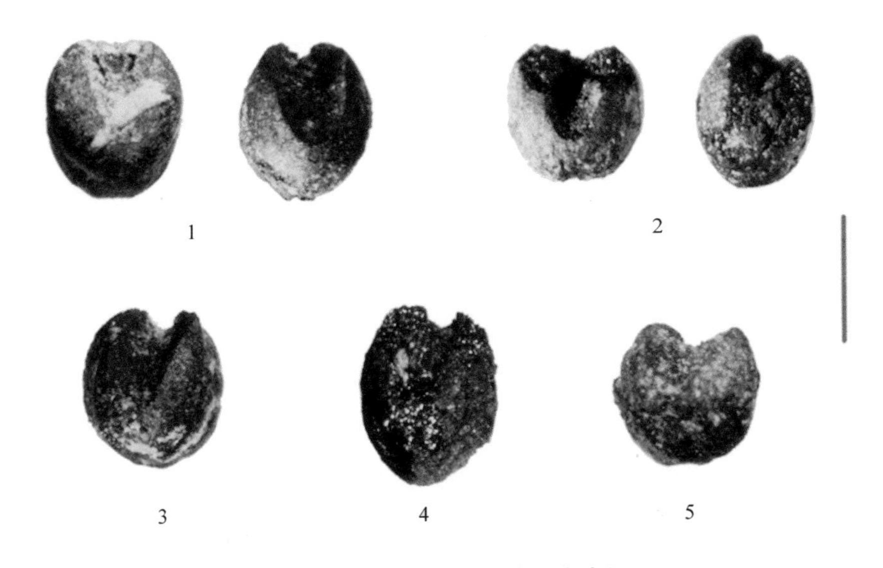

图9 炭化粟（比例尺为1毫米）

1. 下河遗址II区，2. 南山头遗址，3. 西山遗址，4. 马坡遗址，5. 睦王河遗址

粟在中国的栽培历史非常悠久，至少可追溯到新石器时代早中期，早期产量不及黍，大约在新石器时代中晚期粟开始取代黍，成为北方最重要的粮食作物。粟不仅在史前新石器时代具有特殊的重要地位，进入历史时期同样是作为“五谷”之一的重要粮食作物。

---

① 高国仁：《粟在中国古代农业中的地位和作用》，《农业考古》1991年第1期。

2. 黍（Panicum miliaceum）

炭化黍在各处遗址均有出土，表面较粗糙，呈圆球状，个体较大，直径多在1.5mm—2mm之间，胚区短而宽，不足种子直径的1/2，基本不见带稃皮者（图10，a）。

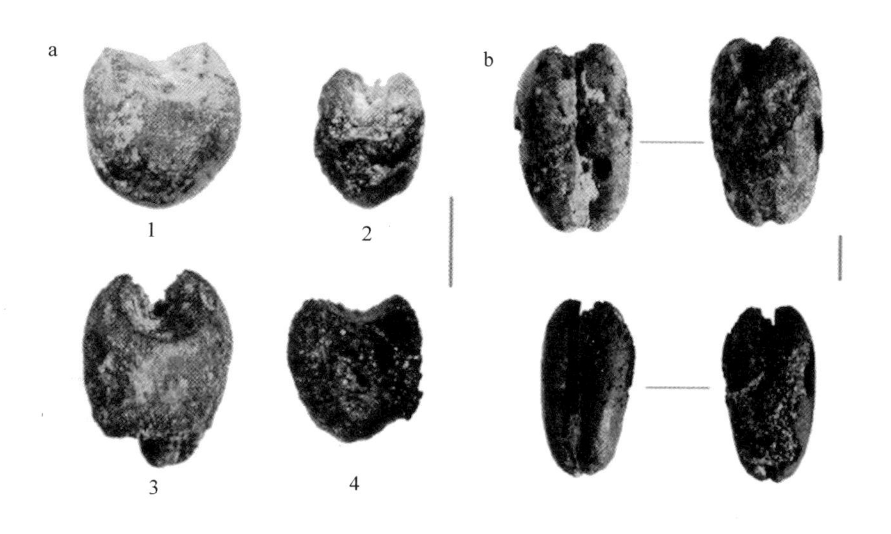

图10　炭化黍（a）和小麦（b）（比例尺均为1毫米）

1. 下河遗址II区，2. 南山头遗址，3. 西山遗址，4. 马坡遗址

黍即黍子，脱壳的米粒称为黍米或大黄米。黍是禾本科黍属的一个栽培种，具有早熟、耐瘠、耐热和耐旱特征，是中国古老的粮食作物。现代黍在我国主要种植在内蒙古、陕西、山西、甘肃、宁夏、黑龙江等干旱、半干旱地区。

黍和粟是两种十分接近的农作物，形态及生长环境均有相同之处。古代文献中经常将两种作物相提并论，在新石器时代遗址中这两种作物也经常共出。目前最早发现的黍是在河北武安磁山遗址的大型粮食窖穴中，吕厚远等将其年代推进到10000

年前。[1]

3. 小麦（Triticum aestivum）

小麦遗存仅在南山头遗址有少量发现，共10粒，时代属龙山到战国时期。呈圆柱状，背部隆起，腹沟略深（图10，b）。通过对完整麦粒的测量，这些麦粒粒长平均值是3.69毫米，粒宽2.29毫米，长宽比值1.62，尺寸比现代小麦略小。测量数据见表15。

表15　**南山头遗址小麦尺寸表（单位：毫米）**

编号	1	2	3	4	5	6
长	4.261146	4.036528	4.035174	3.652459	3.05816	3.098277
宽	2.662412	2.634145	2.153424	2.171367	2.304073	1.83537

4. 豆科（Fabaceae）

豆科种子在各处遗址中均有发现。种子多为肾形，种脐位于腹部中间或稍偏，尺寸差异较大（图11，a）。

豆科为被子植物中仅次于菊科及兰科的三个最大的科之一，分布极为广泛，我国有172属，1485种，13亚种，153变种，16变型，各地区均有分布。豆科具有重要的经济意义，是人类食品中淀粉、蛋白质、油脂的重要来源之一，根部常有固氮作用的根瘤，是优良的绿肥和饲料作物。白水河流域各遗址豆科植物的发现表明，其在新石器时代先民生活中占有一定地位，然而具体用途仍

① Lu H. Y., Zhang J. P., Liu K. B., et al., "Earliest Domestication of Common Millet (*Panicum Miliaceum*) in East Asia Extended to 10000 Years Ago", *Proceedings of the National Academy of Sciences*, Vol. 106, No. 18, 2009, pp. 7367 – 7372.

无法获知。

5. 藜科（Chenopodiaceae）

就非农作物而言，藜科的出土数量较多，各个遗址均有一定数量发现。藜科种子尺寸很小，扁圆形，表面光滑有光泽，顶部圆形，基部突出有凸口，种脐位于凸口处。直径1毫米左右（图11，b）。

藜科为一年生草本、半灌木、灌木，较少为多年生草本或小乔木。本科100余属，1400余种，主要分布于非洲南部、中亚、南美、北美及大洋洲的干草原、荒漠、盐碱地，以及地中海、黑海、红海沿岸。我国有39属约186种，主要分布在我国西北、内蒙古及东北各省区，尤以新疆最为丰富。藜科种子有较高的淀粉含量，在一些地区也被栽培食用。考古证据表明，早在距今8500年的北美东部地区，Chenopodium berlandieri 已经作为一种野生植物被当地人利用，[①] 并在1850BC—1750AD长达3500年之久作为一种非常重要的驯化作物存在。[②] 为了得到更多的淀粉食物，我国台湾地区高山族土著居民将藜科植物混种在粟田里。[③] 藜科植物在我国北方广泛分布，具有较高的饲用价值，藜科中的许多品种仍是现代北方常见的野菜。白水河流域新石器时代晚期各处遗址均有较高比例藜科种子，推测藜科类野菜或种子很可能是这一时期先民或者家畜比较重要的食物来源。

---

① Asch D.，Asch N.，*Prehistoric Food Production in Eastern North America*，In：Ford，R. I.，（Ed.），Anthropological Papers，Museum of Anthropology，University of Michigan，Ann Arbor，1985，pp. 149 - 203.

② Smith B. D.，Cowan C. W.，Hoffman M. P.，*Rivers of Change：Essays on Early Agriculture in Eastern North America*，Smithsonian Institution Press，Washington，1992.

③ Fogg W. H.，*Swidden Cultivation of Foxtail Millet by Taiwan Aborigines：A Cultural Analogue of the Domestication of Setariaitalica* in China. In：Keightley，D. N.，（Ed.），The Origins of Chinese Civilization. University of California Press，California，1983，pp. 95 - 115.

6. 禾本科（Poaceae）

非农作物植物遗存的禾本科种子在各处遗址均有发现，大多尺寸较小，其中以狗尾草属（Setaria）数量最多，扁椭圆形，尺寸较小，背部略微隆起，腹部扁平，胚区呈狭长“V”字形（图 11，c）。

狗尾草（Setaria viridis）被认为是粟的近缘野生种或是粟的祖先，染色体同为 $2n = 18$。在发现粟的古代遗存中，狗尾草属杂草常与粟同出，可能是农田的伴生杂草。

7. 苋科（Amaranthaceae）

遗址中发现的苋科种子形状与藜科种子形似，均为扁圆形，但边缘呈窄条状，表面光亮平滑，直径约 1 毫米（图 11，d）。

8. 萹蓄（Polygonum aviculare）

萹蓄种子仅在南山头遗址有少量发现，卵菱形，三棱三面体，两端尖（图 11，f）。

萹蓄为一年生草本，广布于全球，是田园湿地、荒地、村舍和路旁的常见杂草。胚乳丰富，可作为饲草。

9. 高粱泡（Rubus lambertianus）

高粱泡仅在尧禾汉寨遗址有少量发现，共 3 粒。倒卵形，扁，长 1 毫米—1.25 毫米，宽 0.7 毫米—0.8 毫米。一侧边缘直而较薄，另一侧边缘拱凸而较厚。表面为明显的斜网纹状（图 11，e）。

高粱泡为悬钩子属，半常绿蔓生灌木，茎有棱角，并疏生钩刺，其适应性强，多生长在山坡、沟旁、路旁及岩石间，多为我国山区自然生长的灌木。曾在湖南澧县城头山遗址出土。

10. 筋骨草属（Ajuga）

筋骨草属仅在汉寨遗址发现，共 1 粒。种子倒卵形，背部具网纹，腹部有疤（图 11，g）。

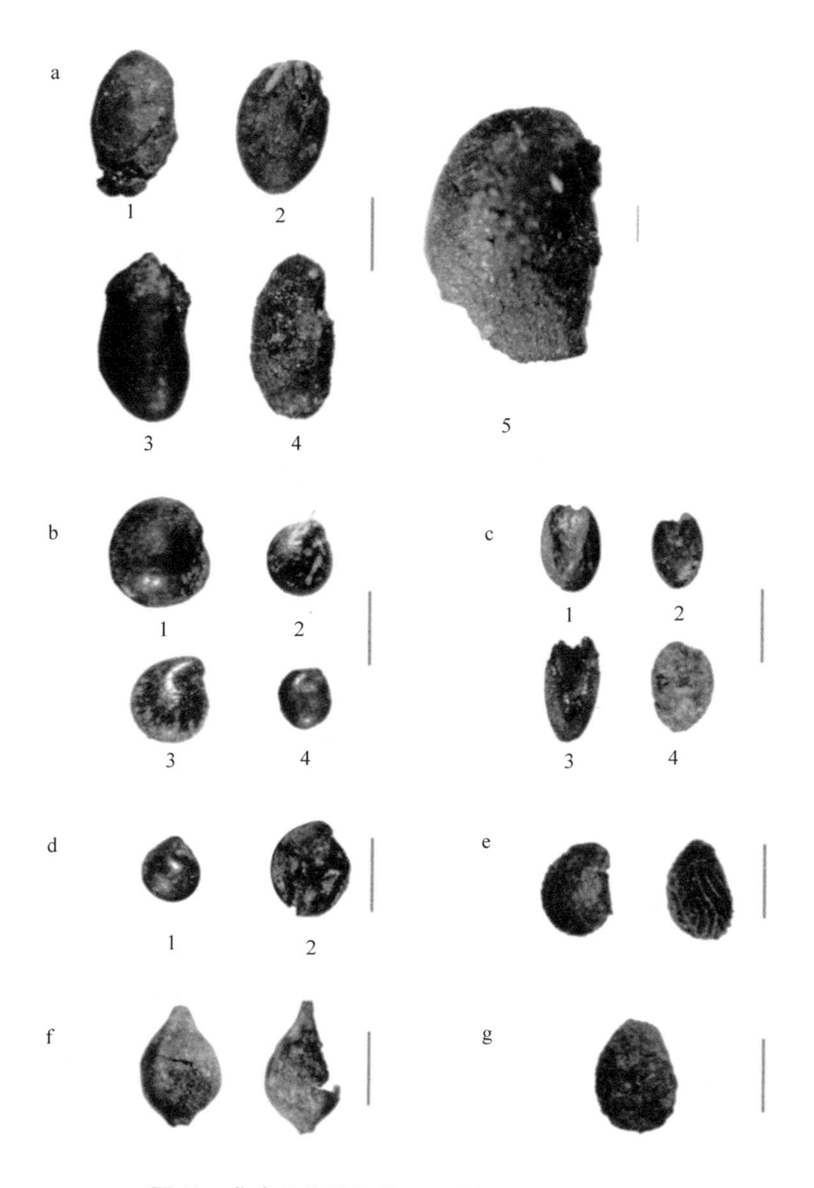

图 11　非农作物炭化种子（比例尺均为 1 毫米）

a. 豆科：1. 下河遗址，2. 西山遗址，3. 马坡遗址，4. 睦王河遗址，5. 南山头遗址；b. 藜科：1. 下河遗址，2. 南山头遗址，3. 西山遗址，4. 马坡遗址；c. 狗尾草属：1. 下河遗址，2. 南山头遗址，3. 马坡遗址，4. 睦王河遗址；d. 苋科：1. 下河遗址，2. 睦王河遗址；e. 高粱泡；f. 萹蓄；g. 筋骨草属

该属约40—50种，广布于欧、亚大陆温带地区，尤以近东为多，极少数种出现于热带山区。我国有18种，12变种及5变型，大多数分布于秦岭以南各地的高山和低丘森林区、山谷林下或山坡阴处。本属中的一些种可供药用，是民间常用的草药，应用甚广。

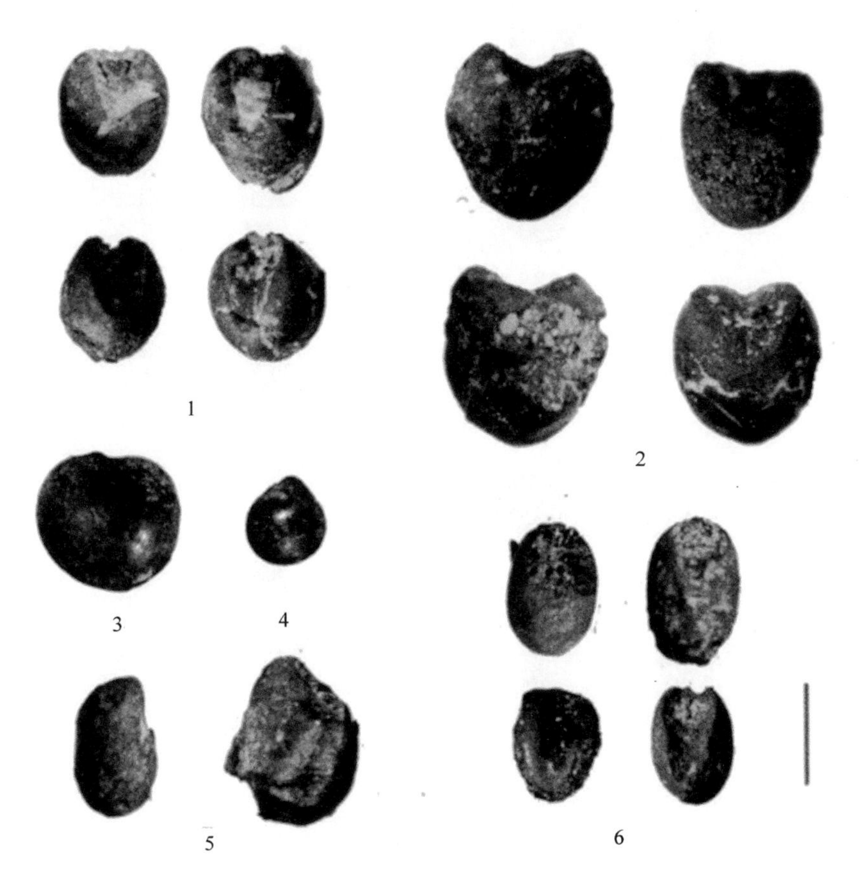

图12 下河遗址II区出土植物种子图版（比例尺均为1毫米）

1. 粟，2. 黍，3. 藜科，4. 苋科，5. 豆科，6. 狗尾草

（三）白水河流域各遗址浮选种子数量统计结果

1. 下河遗址 II 区

下河遗址 II 区共采集了 35 份浮选样品，约 1430 升，浮选出的炭化植物种子共 7 种、2908 粒，主要为农作物和一年生杂草。经鉴定，粮食作物主要有粟（Setaria italica）、黍（Panicum miliaceum）两种，共 1941 粒，占出土植物种子的 66.75%。野生植物种子可鉴定的有狗尾草属（Setaria）、藜科（Chenopodiaceae）、豆科（Leguminosae）、苋科（Amaranthaceae）、禾本科（Poaceae）等，此外，还有少量特征不明显或失去鉴定特征的未知种属种子，以及大量因破碎同样无法鉴定的种子。表 16 概括了下河遗址 II 区出土炭化植物种子的绝对数量情况。

下河遗址 II 区浮选出土粮食作物以粟为主，共计 1552 粒，占出土粮食作物总量的 53.37%；黍次之，共 389 粒，占粮食作物总量的 13.38%。非农作物遗存主要有狗尾草属、禾本科、藜科、豆科、苋科等。

表 16　　下河遗址 II 区炭化种子统计

单位	容积/L	粟	黍	狗尾草属	豆科	禾本科	藜科	苋科	未知	破碎
H29	16	4	1		3					2
H21	32	9	2	1	1	2			1	5
H38	40	7	4		2		1			4
G1①	40	15	2	1	6		7		2	8
T7⑩	48	10		3	5					1
G1	48	55	6	9	24					29
G1③	40	15	2	3	1				1	4

续表

单位	容积/L	粟	黍	狗尾草属	豆科	禾本科	藜科	苋科	未知	破碎
G1②	40	26	1	1	9				3	14
H30	40	5	4	4	3				1	11
H20	64	27	3	11	5				2	13
T2④b	40									
H36②	40	8			1		1			3
T7④b	40									
G7	48	4		1						3
H24②	40	34	15	2	4		4	3		22
H18	40	9			1					1
H53	22	4	1	2						2
H49	16	4	4							
H19	40	25	3		1		1	1	1	8
G6①	40	41	22	2	2					10
F3	32	6			3				1	5
T2⑤	40	10	1	1			2	1		7
H43	40	10	1		2			1		5
H9	40	49	11	2	1				2	26
T9⑧	40	4	1						2	4
T2④b	40									1
H14	40	9	1	1	2					13
H45	80	111	4	11	12				5	22
H24①	40	15	1		4		1		3	11
T2⑤	40	32			1				1	8
G8	40		1				290		3	
G6①	32	22	13		5					5
H48	96	100	9	1	20		1		4	22
H34	48	53	6		15				3	11
H20②	8	829	270		2				3	142

2. 南山头、睦王河遗址

南山头遗址浮选出的炭化植物种子数量不多，种类也比较简单，共发现9种、726粒各类植物炭化种子，主要为农作物和一年生杂草。经鉴定，粮食作物主要有粟（Setaria italica）、黍（Panicum miliaceum）、小麦（Triticum aestivum）三种，共298粒，占出土植物种子的41.05%。野生植物种子可鉴定的有狗尾草属（Setaria）、萹蓄（Polygonum aviculare）、藜科（Chenopodiaceae）、豆科（Leguminosae）等，此外还有少量特征不明显或失去鉴定特征的未知种属种子，以及大量因破碎同样无法鉴定的种子。表17概括了南山头遗址出土炭化植物种子的绝对数量情况。

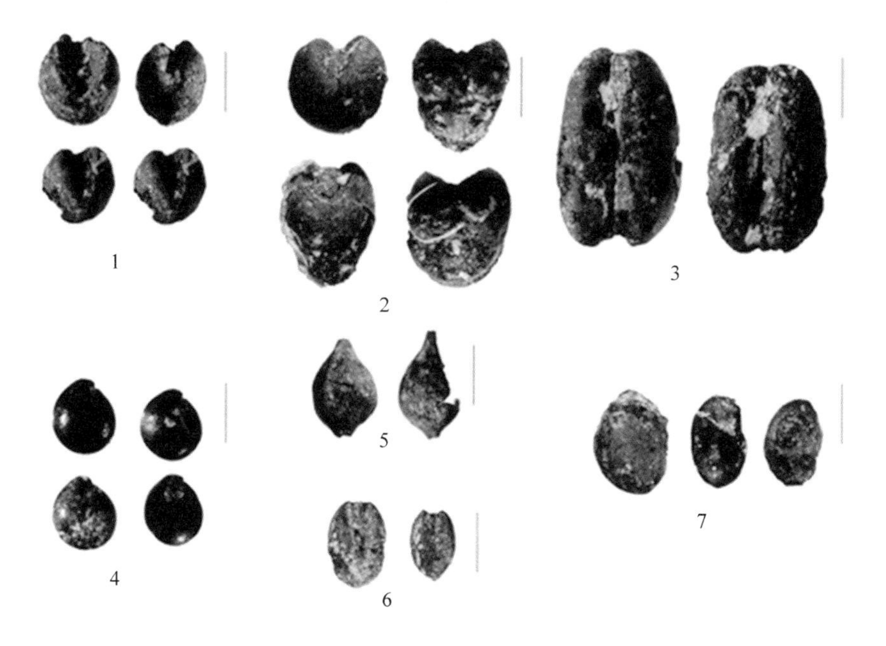

图13　南山头遗址出土植物种子图版（比例尺均为1毫米）

1. 粟，2. 黍，3. 小麦，4. 藜属，5. 萹蓄，6. 狗尾草，7. 豆科

南山头遗址浮选出土的三种粮食作物，以炭化粟最多，共计230粒，占出土粮食作物总量的77.18%，相较炭化粟来说，炭化黍数量较少，共58粒，占粮食作物总量的19.46%（图13，2）。在粮食作物中，小麦发现最少，仅为10粒，占粮食作物总量的3.36%，全部出土于龙山到战国时期，并集中出土于H4、H6两座灰坑中。

就非农作物而言，藜科的出土数量较多，共有90粒，占出土种子数量的12.4%（图13，4）。其丰富程度说明藜科是南山头遗址较为常见的一种植物。另外，以狗尾草属为主的禾本科杂草（图13，6）、以草木犀为主的野生豆科（图13，7）、萹蓄（图13，5）等植物种子也见于南山头遗址，但数量均较少。

表17　　南山头遗址各单位炭化种子统计

单位	容积/L	粟	黍	小麦	狗尾草属	藜科	豆科	禾本科	萹蓄	未知	破碎
F2①	40	5	3			23	1			1	1
F2②	40	4	2			1					3
F2③	160	7	2		4	19	1			18	5
G1	40	2	1			1					
G2	40	3				1				4	
H1	40	1	2			2	1				2
H2	40	1	1			1				2	2
H3	40	24	3					1		6	21
H4	48	9	3	5	1		1			4	20
H5	40	19	2		3	1				6	9
H6	40	7	3	5	1	1	2	1			16
H7	40	2	1			1				2	3

续表

单位	容积/L	粟	黍	小麦	狗尾草属	藜科	豆科	禾本科	萹蓄	未知	破碎
H8	40				1	2		0		4	
H9	40					3	1			5	
H10	40	83	12		4	14		8		3	68
H11	40	8	6		1	12	3			4	12
H12	40	16	4		1	1	1		2	8	17
H13	40					4					
H14	40	2									8
H15	40	37	13		3	3	4	1		3	34
总计	928	230	58	10	19	90	15	11	2	70	221

睦王河遗址共发现7种、205粒各类炭化种子，主要为农作物和一年生杂草。经鉴定，粮食作物主要有粟（Setaria italica）、黍（Panicum miliaceum）两种，共99粒，占出土植物种子的48.29%。野生植物种子可鉴定的有狗尾草属（Setaria）、豆科（Leguminosae）、藜科（Chenopodiaceae）、苋科（Amaranthtaceae）等，此外还有少量特征不明显或失去鉴定特征的未知种属种子，以及大量因破碎同样无法鉴定的种子（图14）。表18概括了睦王河遗址出土炭化植物种子的绝对数量情况。

睦王河遗址浮选出土的两种粮食作物以炭化粟最多，共计70粒，占出土粮食作物总量的70.71%，炭化黍数量较少，共29粒，占粮食作物总量的29.29%。非农作物遗存中豆科的数量较多，共26粒。种子多为肾形，种脐为圆形。豆科种子数量较多，与粮食作物黍的比例基本接近，推测应当已被当时人类所利用。

表 18　　睦王河遗址炭化种子统计

种属	数量
粟（Setaria italica）	70
黍（Panicum miliaceum）	29
狗尾草属（Setaria）	8
藜科（Chenopodiaceae）	7
苋科（Amaranthtaceae）	2
豆科（Leguminosae）	26
禾本科杂草（Poaceae）	1
未知	4
破碎	58
总计	205

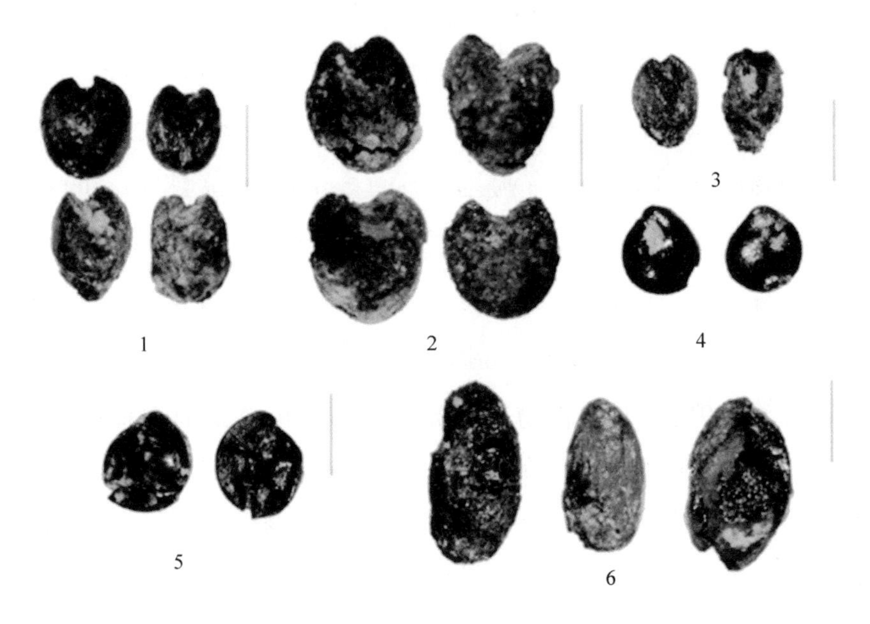

图 14　睦王河遗址出土植物种子图版（比例尺均为 1 毫米）

1. 粟，2. 黍，3. 狗尾草，4. 藜科，5. 苋科，6. 豆科

3. 北山头、南乾西山、马坡、尧禾汉寨遗址

北山头遗址炭化种子坑坑底炭化种子层厚约 15 厘米，体积约 540 升，估算重量至少为 700 千克，炭化种子十分纯净，炭化后几乎未经扰动。直接采样后对其中 7604 粒炭化种子进行了统计，其中绝大多数为粟，占全部种子的 87.4%，其次为黍，占总数的 8.3%，此外还有 3.3% 的狗尾草种子。各类炭化种子百分比见表 19。

西山遗址共 4 份浮选样品，发现 6 种，共 189 粒炭化种子遗存，主要为农作物和一年生杂草。经鉴定，粮食作物主要有粟（Setaria italica）、黍（Panicum miliaceum）两种，共 43 粒，占出土植物种子的 22.75%。非农作物遗存可鉴定的有狗尾草属（Setaria）、豆科（Leguminosae）、藜科（Chenopodiaceae）、苋科（Amaranthtaceae）等，共计 84 粒。此外还有少量特征不明显或失去鉴定特征的未知种属种子，以及一定数量因破碎同样无法鉴定的种子。表 20 概括了西山遗址出土炭化植物种子的绝对数量情况。

马坡遗址仅有 1 份浮选样品，共发现 5 种、785 粒各类种子，主要为农作物和一年生杂草。经鉴定，粮食作物主要有粟（Setaria italica）、黍（Panicum miliaceum）两种，共 120 粒，仅占出土植物种子的 15.29%。非农作物遗存数量较多，可鉴定的有狗尾草属（Setaria）、豆科（Leguminosae）、藜科（Chenopodiaceae）等，共计 547 粒。此外还有少量特征不明显或失去鉴定特征的未知种属种子，以及一定数量因破碎同样无法鉴定的种子。表 21 概括了马坡遗址出土炭化植物种子的绝对数量情况。

汉寨遗址共有 2 份浮选样品，共发现 9 种、502 粒各类种子，主要为农作物和一年生杂草。经鉴定，粮食作物主要有粟（Setaria italica）、黍（Panicum miliaceum）两种，共268粒，占出土植物种子的53.39%。非农作物遗存可鉴定的有狗尾草属（Setaria）、豆科（Leguminosae）、藜科（Chenopodiaceae）等，共计202粒。此外还有少量特征不明显或失去鉴定特征的未知种属种子，以及一定数量因破碎同样无法鉴定的种子。表22概括了汉寨遗址出土炭化植物种子的绝对数量情况。

表19　　**北山头遗址炭化种子统计**

种属	数量
粟（Setaria italica）	6643
黍（Panicum miliaceum）	630
狗尾草（Setaria viridis）	251
未知	80
总计	7604

表20　　**西山遗址炭化种子统计**

采样单位	容积/L	粟	黍	狗尾草属	豆科	藜科	苋科	未知	破碎
H4	40		1						
H2	40	11	2	1		4	2	8	10
H2	32	8	2			73		14	8
H5	40	13	6	1	2	1		4	18

表21　　**马坡遗址炭化种子统计**

采样单位	容积/L	粟	黍	狗尾草属	豆科	藜科	未知	破碎及无法鉴定
H1	24	104	16	229	7	311	8	110

表 22　　**汉寨遗址炭化种子统计**

采样单位	容积/L	粟	黍	狗尾草	禾本科	藜科	蓼属	豆科	高粱泡	筋骨草属	未知
H2	32	109	28	5	46	40	4	13			10
H10	40	46	85	46	30	2	2	14	3	1	18

三　白水河流域新石器时代晚期农业活动演变历史

结合白水河流域新石器时代晚期各遗址年代框架的建立，以及大植物遗存分析结果的研究，能够对该流域新石器时代晚期各时期农业活动特征、以及不同时期农业活动历时变化有所认识。白水河流域七处遗址中，下河遗址 II 区、南山头遗址这两处遗址延续时间较长，根据考古学文化性质判断以及年代测定结果，分别对两处遗址出土植物遗存进行了分时期研究，并与同时期其他遗址进行对比分析。表 23、表 24 分别概述了下河遗址 II 区、南山头遗址各时期炭化植物种子绝对数量情况。

表 23　　**下河遗址 II 区各时期炭化植物种子统计表**

种属	仰韶文化晚期	庙底沟二期文化	龙山文化
粟（Setaria italica）	297	870	316
黍（Panicum miliaceum）	38	279	36
狗尾草属（Setaria）	21	16	17
豆科（Leguminosae）	70	11	44
禾本科（Poaceae）	0	2	0
藜科（Chenopodiaceae）	8	0	10
苋科（Amaranthaceae）	1	0	5
未知	14	7	13
破碎及无法鉴定	126	171	104
合计	575	1356	545

表24　　南山头遗址各时期炭化种子数量统计

种属	半坡文化晚期	西王村文化	庙底沟二期	龙山到战国	合计
粟（Setaria italica）	23	37	83	85	228
黍（Panicum miliaceum）	8	13	12	22	55
小麦（Triticum aestivum）	0	0	0	10	10
狗尾草属（Setaria）	4	3	4	7	18
藜科（Chenopodiaceae）	49	3	14	16	82
豆科（Leguminosae）	2	4	0	7	13
禾本科杂草（Poaceae）	0	1	8	2	11
萹蓄（Polygonum aviculare）	0	0	0	2	2
未知	23	3	3	30	59
破碎	17	34	68	98	217
总计	126	98	192	279	695

下河遗址II区、南山头遗址、睦王河遗址、北山头遗址、西山遗址、马坡遗址、汉寨遗址等七处遗址出土的植物遗存包括粟、黍、小麦三种农作物，为探讨白水河流域新石器时代晚期农业特征提供了直接证据。

各处遗址农作物类型较为简单，主要为粟、黍两种，小麦仅在南山头遗址龙山到战国时期有少量发现。发现的非农作物种类不是很多，主要有狗尾草属、禾本科、豆科、藜科等。狗尾草属、禾本科非农作物遗存为常见的农田伴生杂草，豆科植物种类丰富、功能多样，由于未能鉴定到种属，具体功能还不太明确。豆科是一种常见的田间杂草，其中一些种类可以作为牧草或燃料。藜科也是一种重要的非农作物，多分布于田间、路旁以及人类活动区内。豆科、藜科均有被人类利用的可能性。

农作物与非农作物的比例，可以反映农业在生计中的地位以及农业生产耕作除草技术、谷物加工的精细程度等。表25为各遗址不同时期农作物、非农作物比例统计，从总体情况来看，随时代变化农作物比例大致上升，显示了农业生产水平的发展、农耕除草技术的提高。在这些数据中，南山头遗址半坡文化晚期、西山遗址和马坡遗址的农作物百分比较低，均不足50%，显示出这些时期当地农业水平可能处于较低水平，对农业资源的开发、利用处于较为粗放的状态，对于非农作物如藜科的利用占很大比例。北山头遗址样品来自堆积大量炭化种子的灰坑，直接取样用于统计，炭化种子应当为当时粮食经过收割、脱粒后直接贮藏在灰坑中发生炭化形成的，样品能够直观地反映出耕作除草技术以及粮食加工程度等。经过收割、脱粒后，农作物比例高达95%以上，杂草数量极少，反映出农田管理、粮食加工技术的精细化。下河遗址II区庙底沟二期文化时期农作物比例同样高达95%以上，表现出较为精细的农田耕作、谷物加工技术。

表25　**各遗址农作物、非农作物数量、比例统计**

遗址	时期	农作物		非农作物	
		绝对数量	百分比	绝对数量	百分比
下河遗址II区	仰韶文化晚期	335	77.01%	100	22.99%
	庙底沟二期文化	1149	97.54%	29	2.46%
	龙山文化	352	82.24%	76	17.76%
南山头遗址	半坡文化晚期	31	36.05%	55	63.95%
	西王村文化	50	81.97%	11	18.03%
	庙底沟二期文化	95	78.51%	26	21.49%
	龙山到战国	117	77.48%	34	22.52%

续表

遗址	时期	农作物		非农作物	
		绝对数量	百分比	绝对数量	百分比
睦王河遗址	半坡文化晚期	99	69.23%	44	30.77%
北山头遗址	仰韶文化晚期	7273	95.65%	331	4.35%
西山遗址	仰韶文化晚期	43	33.86%	84	66.14%
马坡遗址	庙底沟二期文化	120	17.99%	547	82.01%
汉寨遗址	庙底沟二期文化	268	56.54%	206	43.46%

表26　　**各个遗址不同时期粟、黍数量、比例统计**

遗址	时期	粟	黍	粟、黍比
下河遗址Ⅱ区	仰韶文化晚期	297	38	7.82
	庙底沟二期文化	870	279	3.12
	龙山文化	316	36	8.78
南山头遗址	半坡文化晚期	23	8	2.88
	西王村文化	37	13	2.85
	庙底沟二期文化	83	12	6.92
	龙山到战国	85	22	3.86
睦王河遗址	半坡文化晚期	70	29	2.41
北山头遗址	仰韶文化晚期	6643	630	10.54
西山遗址	仰韶文化晚期	32	11	2.91
马坡遗址	庙底沟二期文化	104	16	6.5
汉寨遗址	庙底沟二期文化	155	113	1.37

各处遗址中粟的绝对数量均大于黍，但是并不能简单利用绝对数量值来判断粟、黍在农业中的比重高低。考虑到单粒黍的质量远大于粟，黍的千粒重约为粟的2.26倍，[①] 应当对粟、黍绝对数

① 张健平、吕厚远、吴乃琴等：《关中盆地6000—2100cal. aB. P. 期间黍、粟农业的植硅体证据》，《第四纪研究》2010年第2期。

量比值进行千粒重的校正，如若绝对数量比大于2.26，才可能得出粟超过黍的结论。

表26为各遗址不同时期粟、黍绝对数量、比例统计表。研究区域内各处遗址中，仅汉寨遗址粟、黍比低于2.26，表现出黍的产量大于粟的特征，其他遗址的粟、黍比均大于2.26，即粟的产量超过黍。龙山文化时期的各处遗址粟的比例远大于黍，此时粟已经完全取代黍成为主要粮食作物。然而，粟、黍比与时间并没有呈现出期望看到的线性关系，在仰韶文化、庙底沟二期文化时期，各处遗址的粟、黍比表现出一定的差异性和波动性。是否这一阶段该地区先民仍然处在对粟、黍两种作物比较选择过程中呢？或者是否反映出与文化交替或是环境变迁的联系呢？这一问题的解释需要材料的丰富以及多种研究手段的结合。

白水河流域新石器时代晚期农作物主要为粟、黍两种，小麦仅在南山头遗址发现。南山头遗址植物遗存所见的农作物结构变化如图15所示，各时期粟的比例大致稳定，约为70%—80%，占绝对优势。仰韶时期，粮食作物仅为粟、黍，而到了龙山以及战国

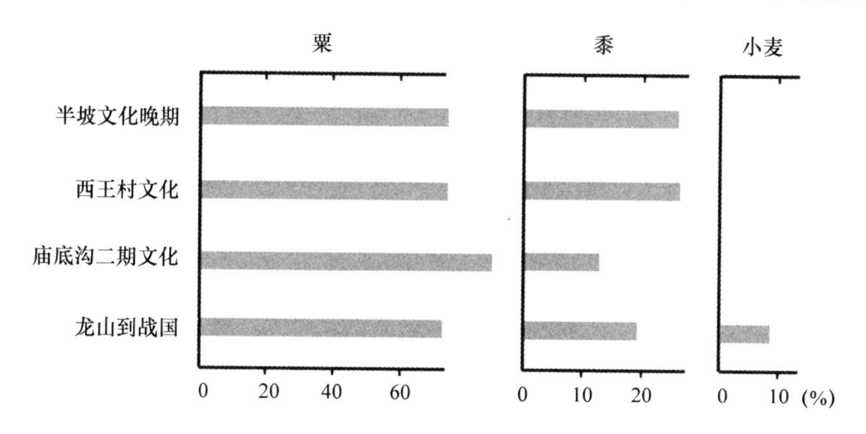

图15　南山头遗址各时期农作物数量百分比图

时期，小麦开始出现，粮食作物的种类增加，黍的比重略有下降，但是小麦的比重不高，推测这一时期小麦作为一种补充并未大面积进行推广，粟仍为主要的粮食作物。

四 讨论与结论

白水河流域处于渭北黄土台原与陕北高原的过渡地带，不同地区、不同文化背景的人群在此接触、影响，成为文化交汇与碰撞的敏感地带。该区域农业活动研究，对认识白水河流域史前农业活动特征及变化，探讨农业活动、文化变迁、环境变化互动关系具有重要意义。

（一）新石器时代白水河流域农业活动特征研究

本研究中对白水河流域多个遗址植物遗存的分析为了解该区域新石器时代晚期居民食物结构、农作物类型、农业生产等提供了重要信息。下河遗址I区在2010年、2012年相继进行了发掘，发现的一座仰韶中期晚段的大型房址是目前所发现的同期单体房址中最大的一例。已有学者对该遗址植物遗存进行了分析[①]，这里将该结果与本研究各遗址植物遗存结果一起进行讨论，对白水河流域新石器时代晚期农业活动情况进行更为全面的复原。

白水河流域新石器时代晚期农作物类型有粟、黍、小麦三种，其中粟、黍一直是各时期最为重要的粮食作物，小麦仅在南山头遗址龙山文化及之后时期有少量发现。白水河流域各遗址均有农作物出土，仰韶文化早期农作物比例普遍较低（图16），非农作物种子的比例较高，显示了当时的农业生产水平相对较低，藜科、

---

① 刘焕、胡松梅、张鹏程等：《陕西两处仰韶时期遗址浮选结果分析及其对比》，《考古与文物》2013年第4期。

豆科等一些植物资源被当地先民大量利用。仰韶文化晚期以来，农业生产水平有所提高，各遗址农作物比例普遍高于非农作物（图16），居民植物性食物主要由农作物提供，农业生产在当时的生业经济中占有重要地位。南乾西山、马坡遗址农作物比例较同时期其他遗址明显偏低，这似乎与聚落规模、地形等因素有一定关系。当聚落规模较小时，农业生产投入的劳力可能相应也较少。

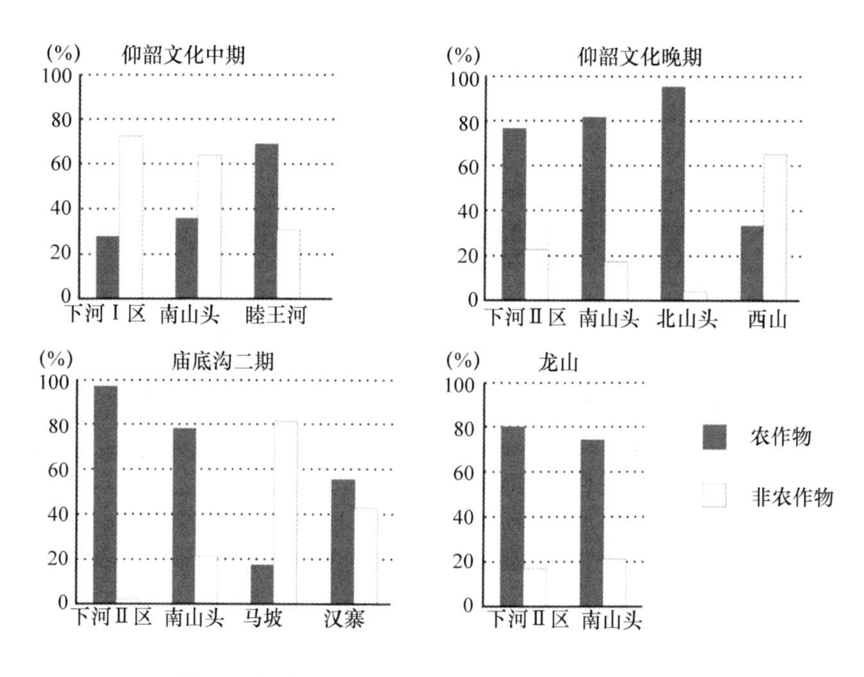

图16 白水河流域各时期不同遗址农作物比例图

（下河Ⅰ区数据来自刘焕等①）

（二）新石器时代白水河流域粟作农业格局及其可能的影响因素

古代文献中关于粟和黍的记载很多，但是文献记载中关于粟、

① 刘焕、胡松梅、张鹏程等：《陕西两处仰韶时期遗址浮选结果分析及其对比》，《考古与文物》2013年第4期。

黍、稷、穈等名称十分混乱，后代学者对其的考证也说法各异，无法给出一个明确的定论。所以，研究史前粟作农业产生、发展历史，单纯依靠文献记载，很难有系统科学的解释，必须依靠考古遗址中出土的粟、黍遗存，直接、有效地进行研究。

粟、黍由于生长习性相近，新石器时代的先民一般将两者混种、收获并加工，共同作为粮食来源，但不同时期先民对两者的种植存在不同的选择。一般认为，新石器时代早期以种植黍为主，大约在仰韶时期粟的种植扩大，逐渐超越黍成为主要农作物。由于各地地理环境、气候条件、文化特征等差异，这一变化时间应当在不同地区有所不同。对于粟、黍比例的研究，应当认识到粟、黍籽粒大小的差异，不能只通过绝对数量进行直接比较。

从现有的资料看，新石器时代早期，我国北方遗址发现的粮食遗存多以黍为主要粮食作物，[①] 但是到了新石器时代中晚期，粟开始逐渐取代黍成为首要农作物。[②] 甘肃秦安、礼县两地半坡期（6300 BP—6000 BP）浮选结果仍以黍为主，庙底沟期（5700 BP—5500 BP）粟才取代黍成为主要农作物。[③] 半坡文化晚期南山头、睦王河遗址粟、黍比例（粟、黍绝对数量比）分别为 2.88、2.41（图 17），虽然数量上粟比黍多，但粟的籽粒明显小于黍，黍

---

① 凯利·克劳福德、陈雪香、王建华：《山东济南长清月庄遗址发现后李文化时期的炭化稻》，《东方考古》2006 年第 3 期；赵志军：《从兴隆沟遗址浮选结果谈中国北方旱作农业起源问题》，《东亚古物 A 卷》，文物出版社 2006 年版，第 188—199 页；Lu H. Y., Zhang J. P., Liu K. B., et al., "Earliest Domestication of Common Millet (*Panicum Miliaceum*) in East Asia Extended to 10000 Years Ago", *Proceedings of the National Academy of Sciences*, Vol. 106, No. 18, 2009, pp. 7367 – 7372。

② 刘长江、靳桂云、孔昭宸：《植物考古：种子和果实研究》，科学出版社 2008 年版；安成邦、吉笃学、陈发虎等：《甘肃中部史前农业发展的源流：以甘肃秦安和礼县为例》，《科学通报》2010 年第 14 期。

③ 安成邦、吉笃学、陈发虎等：《甘肃中部史前农业发展的源流：以甘肃秦安和礼县为例》，《科学通报》2010 年第 14 期。

的千粒重是粟的2.26倍，[①] 综合考虑数量和粒重，这一时期粟、黍的产量大致相当，正处于粮食结构重心由黍向粟过渡的节点时期。从仰韶文化晚期开始，下河遗址II区、马坡遗址等多处遗址粟的产量开始超过黍（图17），成为主要粮食作物。不少学者认为，粟、黍比例的变化与粟、黍自身生长习性不同有关，并受到气

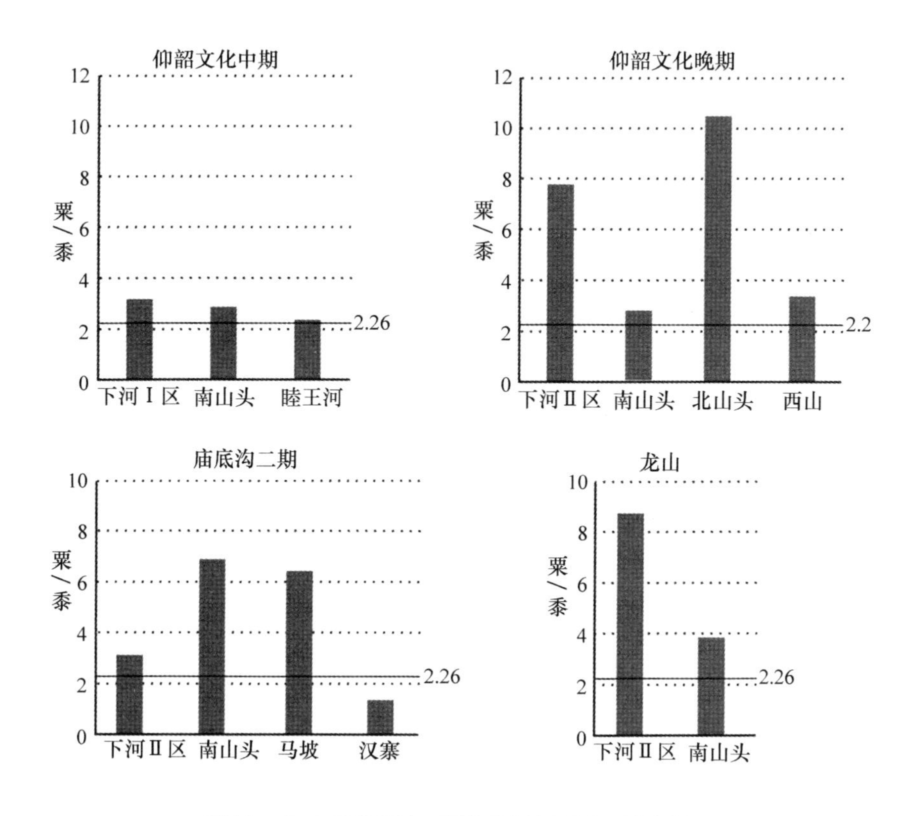

图17　白水河流域各时期不同遗址粟、黍比例图

（下河I区数据来自刘焕等[②]）

---

① 张健平、吕厚远、吴乃琴等：《关中盆地6000—2100cal. aB. P. 期间黍、粟农业的植硅体证据》，《第四纪研究》2010年第2期。

② 刘焕、胡松梅、张鹏程等：《陕西两处仰韶时期遗址浮选结果分析及其对比》，《考古与文物》2013年第4期。

候条件的影响[①]。

粟、黍均具有耐旱、耐瘠薄、耐盐碱等特性，相比粟来说，黍的抗旱性更强。黍的气孔是禾谷类作物中最小的，而且大多数在叶背面，极大地减少了蒸腾作用，在相同条件下黍的蒸腾系数仅为88.63—101.26，而粟则为138.16—210.13，[②] 一般在缺水受旱的情况下，黍能够通过蒸腾调节减少耗水量，水分利用效率更高，因而比粟减产幅度小，生产力更加稳定；但是黍的产量仅为750 kg/hm^2—900 kg/hm^2，而粟的产量可达800 kg/hm^2—2250 kg/hm^2，在条件较为适宜的情况下，粟较黍生产潜力更高。[③] 在早期农业出现时，较低的生产水平和脆弱的农耕经济使得抗逆性能优异的黍更容易被人类驯化和栽培，而随着农业生产水平的提高，田间管理投入更多人力，在种植条件适宜的情况下，粟由于发挥其高产性而被选择和推广，逐渐超越黍成为主要粮食作物。

不少学者对白水河区域环境进行了重建与研究。[④] 白水河流域下河遗址的孢粉分析结果显示，该地区以草本与灌木植物为主，其中蒿属花粉占主要地位，在5300 BP—4700 BP 期间，植被类型

---

① Zhou X. Y., Li X. Q., Dodson J., et al., "Rapid Agricultural Transformation in the Prehistoric Hexi Corridor, China", *Quaternary International*, Vol. 426, 2016, pp. 33 – 41; Sheng P., Shang X., Sun Z., et al., "North-south Patterning of Millet Agriculture on the Loess Plateau: Late Neolithic Adaptations to Water Stress, NW China", *The Holocene*, Vol. 28, No. 10, 2018, pp. 1554 – 1563; Dong G., Li R., Lu M., et al., "Evolution of Human-environmental Interactions in China from the Late Paleolithic to the Bronze Age", *Progress in Physical Geography: Earth and Environment*, Vol. 44, No. 2, 2020, pp. 233 – 250.

② 马世均：《旱农作物、品种和栽培技术》，《旱农学》，农业出版社1991年版，第204—233页。

③ 山仑、陈国良：《黄土高原旱地农业的理论与实践》，科学出版社1993年版，第1993页。

④ 尚雪、张鹏程、周新郢等：《陕西下河遗址新石器时代早期农业活动初探》，《考古与文物》2012年第4期；孙楠、李小强、尚雪等：《黄土高原南部下河遗址全新世中期的植被与气候：基于木炭化石记录》，《第四纪研究》2014年第1期。

表现为草原植被为主。[①] 有研究显示，较高的蒿属比例以及其他植被种属相对贫乏，也可能显示了农业活动对原生灌丛群落的影响，促使周边植被群落退化，植物种类向单一化发展的趋势。[②] 系统分析下河遗址木炭化石记录结果显示，该地区全新世中期水分条件较好的沟谷地带还发育有以栎、青冈为主的阔叶林地，其中包括柿树、枣树等经济型林木；通过对 10 种乔木植物的共存因子法分析获得该地区 5050BP—4870BP 时期的气候要素值：年均气温约为 12.9 ℃，年均降水量约为 758.4 毫米。[③]

庙底沟二期文化时处仰韶文化与龙山文化的过渡时期，白水河流域下河遗址 II 区、南山头遗址、马坡遗址、汉寨遗址均有该时期遗存发现，其中下河遗址 II 区 H20、马坡遗址 H1 年代处于庙底沟二期文化最晚阶段；汉寨遗址 H2 为典型庙底沟二期文化。这一时期，不仅文化面貌上变化剧烈，白水河流域该时期农业生产情况在粟、黍比例以及种子密度上同样表现出不稳定性。下河遗址 II 区、南山头、马坡、汉寨遗址粟、黍绝对数量比分别为：3.12、6.92、6.5、1.37（图 17），种子密度分别为：0.81、4.8、32.71、6.97 粒/L。除了遗址间地理环境的差异，这种不稳定性似乎与这一时期气候变化有一定关系。

全新世以来，气候变化相对稳定，但是仍存在一系列几十到几百年短时间的快速波动，并伴随有大幅度气候突变事件，其中有

① 尚雪、张鹏程、周新郢等：《陕西下河遗址新石器时代早期农业活动初探》，《考古与文物》2012 年第 4 期。

② 周新郢、李小强、赵克良等：《陇东地区新石器时代的早期农业及环境效应》，《科学通报》2011 年第 4 期。

③ 孙楠、李小强、尚雪等：《黄土高原南部下河遗址全新世中期的植被与气候：基于木炭化石记录》，《第四纪研究》2014 年第 1 期。

两次波及整个北半球的大范围气候突变事件，分别发生于距今约8000年和距今约4200年，4200BP气候事件发生时间正处于世界各地文明诞生前期，对人类社会文明进程造成了深远影响，① 此次气候事件造成了中国各地的干冷化，② 并且发生突然，从暖湿到干冷的转变可能在短短十年内完成。③

结合考古学文化判断和 AMS^{14}C 年代测定结果，4200BP 在本研究区域内对应的考古学文化时期正是庙底沟二期文化（表 14）。气候条件变干变冷带来了不同遗址不同的应对策略：下河遗址 II 区相较前后时期黍的比例有所增加，这与黍更能适应干冷的环境有关；南山头遗址该时期粟的比例反而比前后期更多，粟、黍比超过 6，而马坡遗址该时期粟、黍比同样超过 6，这两处遗址地势较低，更接近水源，同时均位于下河遗址上游，高比例粟可能与两处遗址更多的水分补充以及农田灌溉技术有关。

在几处遗址中，汉寨遗址的粟、黍比最低，也是白水河流域唯一一处黍产量高于粟的遗址，这可能与汉寨遗址所在的地形有很

---

① Weiss H., Courty M. A., Wetterstrom W., et al., "The Genesis and Collapse of 3rd Millennium North Mesopotamian Civilization", *Science*, Vol. 261, No. 5124, 1993, pp. 995 - 1004; Perry C. A., Hsu K. J., "Geophysical, Archaeological, and Historical Evidence Support a Solar-output Model for Climate Change", *Proceedings of the National Academy of Sciences*, Vol. 97, No. 23, 2000, pp. 12433 - 12438; Arz H. W., Frank L., Pätzold J., "A Pronounced Dry Event Recorded Around 4.2 ka in Brine Sediments from the Northern Red Sea", *Quaternary Research*, Vol. 66, No. 3, 2006, pp. 432 - 441.

② 靳桂云、刘东生：《华北北部中全新世降温气候事件与古文化变迁》，《科学通报》2001 年第 20 期；周卫建、卢雪峰、武振坤等：《若尔盖高原全新世气候变化的泥炭记录与加速器放射性碳测年》，《科学通报》2001 年第 12 期；吴文祥、刘东生：《4000 aB. P. 前后东亚季风变迁与中原周围地区新石器文化的衰落》，《第四纪研究》2004 年第 3 期。

③ Hong Y. T., Hong B., Lin Q. H., et al., "Correlation between Indian Ocean Summer Monsoon and North Atlantic Climate During the Holocene", *Earth and Planetary Science Letters*, Vol. 211, No. 3, 2003, pp. 371 - 380; Davis M. E., Thompson L. G., "An Andean Ice-core Record of a Middle Holocene Mega-drought in North Africa and Asia", *Annals of Glaciology*, Vol. 43, No. 1, 2006, pp. 34 - 41.

大关系：相较其他遗址，汉寨遗址位于黄土台塬上，地势较高，周围多深沟，地形落差较大，种植条件相对较差，更适合种植抗逆性更强的黍。与下河遗址II区情况相似，约4500 BP陇东地区同样出现了粟、黍比下降，即黍的比例高于前后时期的现象，[①] 可见，不同农作物类型的变化和选择，成为先民应对不同气候变化的有效手段。

虽然相互作用的机制尚不明确，但文化、农业、环境这三者间必定存在一定的互动关系。庙底沟二期不仅文化面貌上变化剧烈，同时气候由暖湿向干冷波动，农业活动表现出不稳定性，气候的波动直接影响农业生产并带来人口流动性的增加，人口大规模迁徙导致文化的接触、交流与碰撞，促进文化的变迁。前面介绍过，白水河流域处于渭北黄土台源与陕北高原的过渡地带，是不同地域、文化背景的人群交流、接触的敏感地带，农业活动的相关变化或可与气候波动、人口流动、文化变迁等相互印证和解释。

（三）新石器时代白水河流域其他类型农作物

1. 小麦

小麦原产西亚及西南亚，大约4000年前传入中国。龙山时期陕西境内遗址就有小麦遗存的出土，如周原遗址王家嘴地点出土的炭化小麦[②]和武功赵家来遗址的小麦秆印痕[③]，可见关中平原及周边地区早在龙山文化时期就开始了小麦的种植。南山头遗址在龙山到战国时期出现了小麦，但是数量不多，仅有10粒。可见小

① 周新郢、李小强、赵克良等：《陇东地区新石器时代的早期农业及环境效应》，《科学通报》2011年第4期。

② 赵志军、徐良高：《周原遗址（王家嘴地点）尝试性浮选的结果及初步分析》，《文物》2004年第10期。

③ 黄石林：《陕西龙山文化遗址出土小麦（秆）》，《农业考古》1991年第1期。

麦在当时虽有种植，但可能并没有得到大面积推广。人骨稳定同位素结果同样发现，先秦时期当地人们的主食以 C_4 类的小米为主。①

小麦在南山头遗址乃至整个关中地区并没有得到广泛的种植，可能是受加工方式的影响。当地传统的粟、黍作物脱粒后即可煮制食用，相比之下，小麦麸皮较厚，整粒煮食口感较差。在东汉石转磨普遍出现之前，粒食口感差也很大程度上影响了小麦的推广。②

2. 藜科

藜科植物在我国北方广泛分布，具有较高的饲用价值，藜科中的许多品种仍是现代北方常见的野菜。汉阳陵外藏坑中发现的藜属种子与粟、黍、稻等农作物一起分门别类存放于木箱中，并且数量巨大，应是当时一种主要栽培作物。③

白水河流域南山头、马坡、西山遗址均有高比例藜科发现，推测至少距今 5500 年，当地就开始了对藜科的利用。南山头遗址半坡文化晚期有较为显著的高比例藜科种子（图 18），推测藜科类野菜或种子很可能是这一时期先民或者家畜比较重要的食物来源。而到西王村文化时，藜科的比例明显下降，可能此时居民对藜科的利用已经有所减少，或可反映出这一时期农业生产的水平较半

① 凌雪：《秦人食谱研究》，博士学位论文，西北大学，2010 年；李楠、何嘉宁、李钊等：《陕西周公庙遗址人和动物骨骼的 C，N 稳定同位素分析》，《南方文物》2021 年第 5 期；魏潇洋、种建荣、孙战伟等：《刘家洼遗址春秋时期芮国先民生活方式初探——基于人骨稳定同位素分析》，《第四纪研究》2021 年第 5 期。

② 原田淑人：《中国粉食の起源》，《东亚古文化论考》，吉川弘文馆 1962 年版；傅文彬、赵志军：《中国转磨起源与传播诸问题初探》，《中国农史》2022 年第 1 期。

③ 杨晓燕、刘长江、张建平等：《汉阳陵外藏坑农作物遗存分析及西汉早期农业》，《科学通报》2009 年第 13 期。

坡文化晚期已有很大的提高。结合汉阳陵的考古发现，推测关中及其周边地区可能从史前就开始了对藜科植物的利用和栽培。

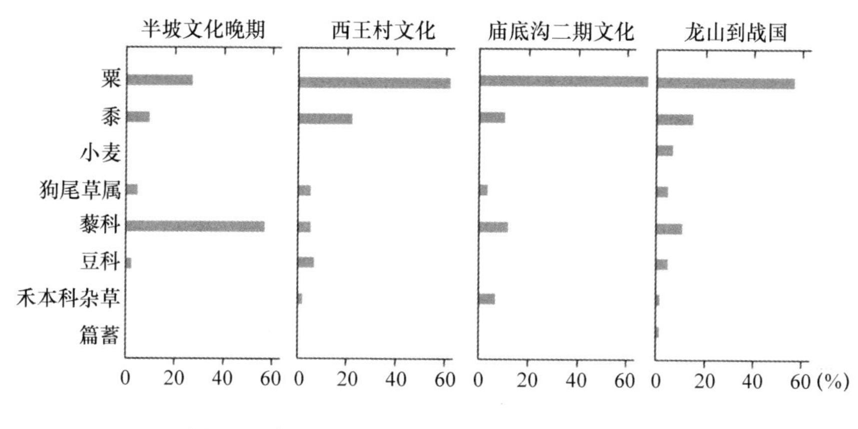

图 18　南山头遗址各时期植物种子数量百分比

（四）结论

通过白水河流域出土炭化植物遗存的分析，对该区域新石器时代晚期农业活动情况有了初步了解：

浮选结果表明，白水河流域新石器时代晚期农业活动是以种植粟为主、黍次之的旱作农业，小麦仅在南山头遗址龙山文化或更晚时期，作为一种粮食类型的补充出现。

仰韶中期粟、黍的产量大致相当，从仰韶晚期开始，不少遗址粟的产量开始超过黍，成为首要粮食作物。各时期粟、黍比例具体变化为：半坡文化东庄类型时期，粟、黍比重大致相当；到了仰韶文化晚期，多数遗址粟开始超越黍成为主要农作物；而庙底沟二期文化时期，不仅文化面貌变化剧烈，粟、黍比在各遗址同样存在差异；到了龙山文化时期，粟的比重超过黍并开始稳定。

气候、区域内微观环境以及农业生产水平的差异，造成白水河流域新石器时代晚期农业活动的差异性和不稳定性。尤其是庙底沟二期文化时期，受4200 BP气候事件影响，不同遗址应对干冷气候的对策各有不同：下河遗址增加了抗逆性更好的黍的种植；而南山头、马坡遗址粟的比例增加，似乎是与农田灌溉或用水便利有关。多数遗址位于河谷坡地，而汉寨遗址地处地势较高的黄土台塬上，地形相对陡峭，受地形影响，汉寨遗址是该流域唯一一处黍产量高于粟的遗址。

第三节　白水河流域动植物遗存稳定同位素研究

新石器时代中晚期，人群流动、文化交流空前频繁，推动了粟作农业的进一步扩散。尤其以仰韶文化为典型代表，其强劲的影响力和辐射力，对周边广大地区产生了深远影响。作为我国境内覆盖范围最广、遗址数量最多、文化面貌最丰富的新石器文化，仰韶文化的相关研究不胜枚举，但缺乏从农田管理的角度探讨农业生产水平对文化扩张的推动作用。接下来，主要对陕西省白水河流域新石器时代中晚期几处遗址进行动植物稳定同位素分析，从农田管理角度探讨粟作农业扩张和仰韶文化大发展等问题。

一　材料与方法

本研究中，共取得来自白水河流域七处遗址（下河、南山头、北山头、马坡、汉寨、西山、睦王河）的49份粟、黍植物样品，并结合42例动物个体，探讨了新石器时代晚期白水河流域农田管理与家畜饲喂方式。

炭化粟、黍来自陕西省渭南市白水河流域7处新石器时代晚期考古遗址，分别是下河遗址、南山头遗址、北山头遗址、南乾西山遗址、马坡遗址、尧禾汉寨遗址、睦王河遗址（图7）。几处遗址年代历经仰韶文化早期、仰韶文化晚期、庙底沟二期以及龙山文化，各遗址年代信息见表14。共选取49份植物遗存用于稳定同位素分析，其中炭化粟样品29份，炭化黍20份。每份样品分别包括15粒炭化粟或5粒炭化黍。选取的炭化种子形态完整，表面较为干净。每份样品分别加入0.5克/摩尔盐酸溶液，80℃水浴加热至充分反应，然后用去离子水冲洗三遍，烘干，研磨，用于同位素测试。①

动物样品来自下河和马坡两处遗址，包括猪（n = 25）、梅花鹿（n = 7）、獐（n = 4）、獾（n = 3）、草兔（n = 2）、牛（n = 1）。机械去除样品表面的污染物后，取约0.5克样品，加入0.5克/摩尔盐酸溶液于5℃下浸泡，每隔两天换新鲜酸液，直至样品酥软无气泡为止。去离子水清洗至中性，加入0.125克/摩尔氢氧化钠溶液，室温下浸泡20小时，再洗至中性。置入PH = 3的溶液中，70℃下明胶化48小时，浓缩并热滤，冷冻干燥后即得胶原蛋白。最后称重，计算胶原蛋白得率（骨胶原重量/骨样重量），列于表28。

样品测试在中国科学院考古学与人类学系实验室完成，测试仪器为配备有Vario元素分析仪的Isoprime100稳定同位素质谱仪。C同位素的分析结果以相对VPDB碳同位素丰度比的 $\delta^{13}C$ 表示，N

① Vaiglova P., Snoeck C., Nitsch E., et al., "Impact of Contamination and Pre-treatment on Stable Carbon and Nitrogen Isotopic Composition of Charred Plant Remains", *Rapid Communications in Mass Spectrometry*, Vol. 28, No. 23, 2014, pp. 2497－2510.

同位素的分析结果以相对氮气（N_2，气态）的 $\delta^{15}N$ 表示。测试使用的标准样品有 Sulfanilamide、IAEA-600、IEAE-N-1、IAEA-N-2、IAEA-CH-6、USGS-24、USGS 40、USGS 41 和一个实验室骨胶原标样（CAAS，$\delta^{13}C$：－14.7 ± 0.2‰、$\delta^{15}N$：6.9 ± 0.2‰），每 10 个样品插入 1 个标样。$\delta^{13}C$、$\delta^{15}N$ 的测试误差均小于 ± 0.2‰。样品的 C、N 含量以及 C、N 稳定同位素比值见表 27、表 28。现代实验结果表明，炭化并不会带来种子同位素值的显著改变，因此，将测试结果直接用于分析研究。

二 结果

（一）粟、黍 $\delta^{13}C$ 值与 $\delta^{15}N$ 值

表 27 的数据和图 19 的散点图显示，29 份炭化粟 $\delta^{13}C$ 值的分布范围从 －11.5‰到 －8.4‰，平均值为 －9.3 ±0.7‰；20 份炭化黍 $\delta^{13}C$ 值的分布范围从 －10.3‰到 －9.2‰，平均值为 －9.7 ±

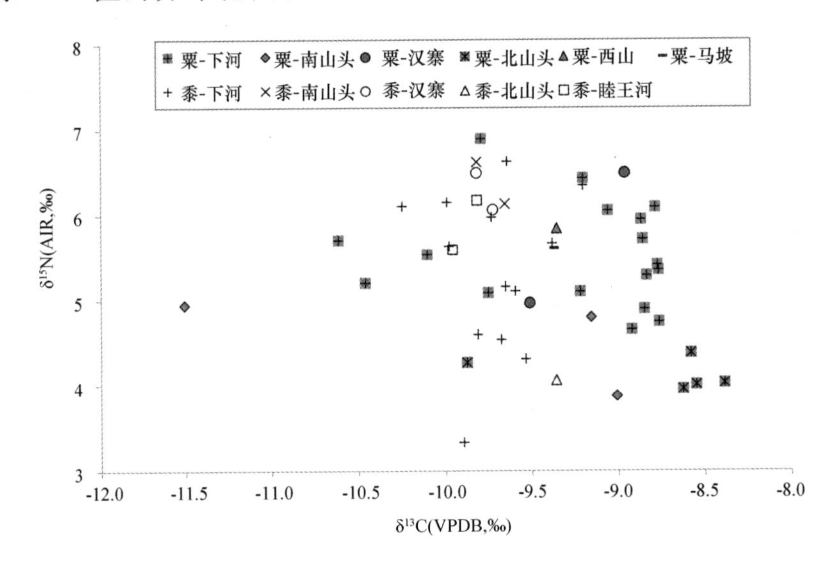

图 19 各遗址粟、黍 $\delta^{13}C$ 和 $\delta^{15}N$ 散点图

0.2‰。粟的 $\delta^{13}C$ 值分布范围明显比黍宽，ANOVA 检验发现两者具有显著性差异（$P=0.008$）。粟的 $\delta^{15}N$ 值范围在 3.9‰—6.9‰之间，平均值为 5.4±0.7‰；黍的 $\delta^{15}N$ 值范围在 3.3‰—6.6‰之间，平均值为 5.7±0.9‰。粟和黍的 $\delta^{15}N$ 值较为接近，并且 ANOVA 检验发现两者没有显著性差异（$P=0.218$）。

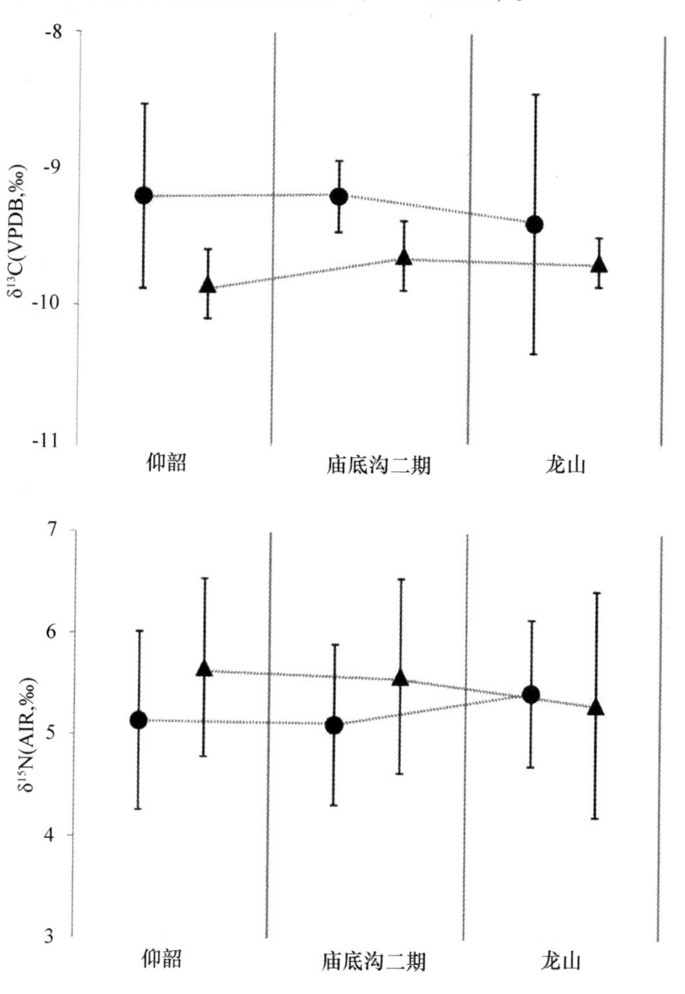

图 20　不同时期粟、黍 $\delta^{13}C$ 和 $\delta^{15}N$ 值变化曲线（粟：实心圆，黍：实心三角形）

将粟、黍 $\delta^{13}C$、$\delta^{15}N$ 值根据考古学年代分为仰韶、庙底沟二期、龙山三个时期（图 20）。仰韶时期，粟 $\delta^{13}C$、$\delta^{15}N$ 平均值分别为 -9.4 ±0.8 ‰和 5.1 ±0.9 ‰（1σ，n = 15），黍 $\delta^{13}C$、$\delta^{15}N$ 平均值分别为 -10.1 ±0.4 ‰和 5.7 ±0.9 ‰（1σ，n = 8）。庙底沟二期持续时间较短，粟、黍 $\delta^{13}C$ 平均值分别为 -9.5 ± 0.4 ‰（n = 5）和 -9.8 ±0.2 ‰（n = 6），$\delta^{15}N$ 平均值分别为 5.1 ±0.8 ‰（n = 5）、5.6 ±1.0 ‰（n = 6）。龙山时期，粟 $\delta^{13}C$、$\delta^{15}N$ 平均值分别为 -9.8 ±0.9 ‰和 5.4 ±0.7 ‰（1σ，n = 9），黍 $\delta^{13}C$、$\delta^{15}N$ 平均值分别为 -10.0 ±0.2 ‰和 5.3 ±1.1 ‰（1σ，n = 6）。

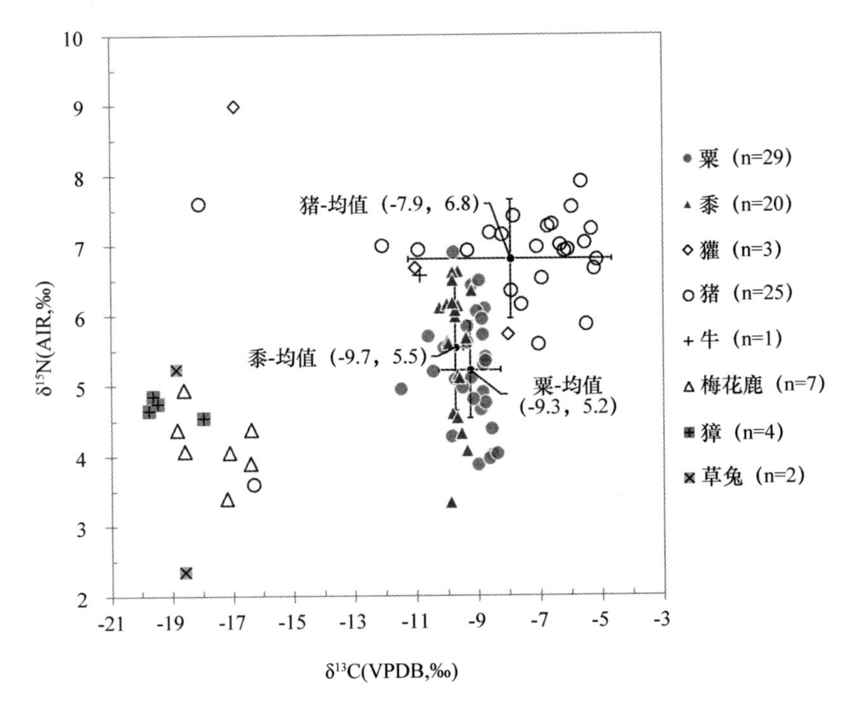

图 21　动植物 $\delta^{13}C$、$\delta^{15}N$ 值散点图

（二）动物 $\delta^{13}C$ 值与 $\delta^{15}N$ 值

动物骨胶原 $\delta^{13}C$ 值与 $\delta^{15}N$ 值见图21、表28。所有样品的骨胶原得率在1.2%到16.6%之间，C：N在2.9到3.3之间，表明骨骼保存情况较好，可用于同位素研究。[①] 猪的 $\delta^{13}C$ 值在 -18.1‰到 -5.2‰之间（平均值：-7.9±3.3‰），$\delta^{15}N$ 值在3.6‰到7.9‰之间（平均值：6.8±0.8‰）。动物样品可以分为野生动物和家养动物两类，两类动物在稳定同位素值上也有明显的区分。作为野生食草动物，梅花鹿、獐、草兔表现出最低的稳定同位素值，表明它们以 C_3 类陆生植物为主食。獐的 $\delta^{13}C$ 值最低，在 -19.8‰到 -18.0‰之间（平均值：-19.2±0.8‰），$\delta^{15}N$ 值在4.5‰到4.9‰之间（平均值：4.7±0.1‰）。两只草兔的 $\delta^{13}C$ 值比獐稍高，分别是 -18.8‰、-18.6‰（平均值 -18.7‰），$\delta^{15}N$ 值分别是2.3‰、5.2‰（平均值3.8‰）。梅花鹿的 $\delta^{13}C$ 值在野生食草动物中最高，在 -18.8‰到 -16.4‰之间（平均值：-17.6±1.1‰），表明梅花鹿可能摄入了少量的 C_4 类植物，$\delta^{15}N$ 值在3.4‰到4.9‰之间（平均值：4.2±0.5‰）。总体来看，三种动物的 $\delta^{15}N$ 值较为相似，平均值为4.3±0.8‰，这一值可以作为自然环境的同位素背景值。

三只獾的 $\delta^{13}C$ 值与 $\delta^{15}N$ 值均比食草动物高，平均值分别是 -12.0±4.5‰、7.1±1.7‰。然而，它们之间同位素值变化非常大，表明它们的食物来源变化很大，从 C_3/C_4 混合到以 C_4 为主。家养动物（1头牛和25只猪）的 $\delta^{13}C$ 值与 $\delta^{15}N$ 值同样比野生食草

① DeNiro M. J.，"Postmortem Preservation and Alteration of in Vivo Bone Collagen Isotope Ratios in Relation to Palaeodietary Reconstruction"，*Nature*，Vol. 317，No. 6040，1985，pp. 806 - 809.

动物高。牛的 $\delta^{13}C$ 值（$-10.9‰$）表明它的饲料是以大量 C_4 类植物为主。猪提供了本研究最多的同位素数据，绝大多数猪（除 B1、B10 外）有着较高的 $\delta^{13}C$ 值（$-7.1\pm1.8‰$），表明它们主要是以 C_4 类食物（粟、黍）为食。

三 新石器时代晚期白水河流域粟、黍种植方式的探讨

作为典型的旱作植物，粟、黍不需要灌溉，因此它们的 $\delta^{13}C$ 值仅受降水影响。粟的 $\delta^{13}C$ 平均值为 $-9.3\pm0.7‰$，略高于黍的 $\delta^{13}C$ 值（$-9.7\pm0.2‰$），并且通过 ANOVA 检验发现两者具有显著的差异性（$P=0.008$）。这一变化同样存在于以往的研究中，反映出粟、黍这两种作物不同的生理差异。粟、黍分别属于不同的 C_4 植物类型，粟属于 NADP-ME 类型，黍属于 NAD-ME 类型。由于更适应干旱环境，NAD-ME 类型的 $\delta^{13}C$ 值低于 NADP-ME 类型。①

图 19 显示出粟的 $\delta^{13}C$ 值分布范围明显大于黍，推测这可能是受到不同收获时间的影响。植物种子的 $\delta^{13}C$ 值主要受种子成熟过程中的水分情况影响，不同收获时间的降水情况不同，而不同的降水量会导致植物种子表现出不同的 $\delta^{13}C$ 值。因此，粟的 $\delta^{13}C$ 值分布范围较大可能是由不同的收获时间导致的。

成书于西汉的《氾胜之书》是我国最早的一部农书，其中就有粟、黍种植时间的明确记载："种禾②无期，因地为时。三

① Hatch M. D., Kagawa T., Craig S., "Subdivision of C_4-pathway Species Based on Differing C_4 Acid Decarboxylating Systems and Ultrastructural Features", *Functional Plant Biology*, Vol. 2, 1975, pp. 111 – 128; Schulze E. D., Ellis R., Schulze W., et al., "Diversity, Metabolic Types and $\delta^{13}C$ Carbon Isotope Ratios in the Grass Flora of Namibia in Relation to Growth form, Precipitation and Habitat Conditions", *Oecologia*, Vol. 106, No. 3, 1996, pp. 352 – 369.

② 作者注：禾即粟。

月榆荚时雨，高地强土可种禾”，“黍者暑也，种者必待暑。先夏至二十日，此时有雨，强土可种黍”。这两句话介绍了粟和黍种植时间的区别：粟没有固定的播种时间，主要根据雨水播种；而黍的生长需要一定的热量，播种时间主要受温度控制，因此播种时间比较固定，一般为夏至前二十天。不同的播种时间会导致不同的收获时间。一般来说，不同年份春雨的时间会有所变化，如果先民根据春雨的时间播种粟，那么不同年份的粟也会在不同的时间收获，而不同收获时间的降水量不同，就会造成所收获的粟有着不同的 $\delta^{13}C$ 值。相比之下，黍一般选择在每年的夏至前二十天播种，那么每年收获的时间也会比较固定。不同年份同一时间的降水变化一般要比一年中不同月份的降水变化小，因而，收获时间比较固定的黍的 $\delta^{13}C$ 值也会比收获时间不够固定的粟更为集中。因此，通过 $\delta^{13}C$ 数据表明，新石器时代晚期白水河流域的先民对于粟、黍的播种可能存在差异：粟的播种时间不太固定，导致其在不同时间收获，而黍的播种、收获时间则相对固定。

四 环境植被 $\delta^{15}N$ 基础值的建立

植物 $\delta^{15}N$ 值主要受土壤环境影响，当种植在相同的环境中，不同的植物基本上会表现出较为相似的 $\delta^{15}N$ 值。① 此外，作物的 $\delta^{15}N$ 值会随着不同的农田管理方式（如灌溉、施肥、轮作等）而

① Fraser R. A., Bogaard A., Heaton T., et al., “Manuring and Stable Nitrogen Isotope Ratios in Cereals and Pulses: Towards a New Archaeobotanical Approach to the Inference of Land Use and Dietary Practices”, *Journal of Archaeological Science*, Vol. 38, No. 10, 2011, pp. 2790 - 2804.

有所不同。① 因此，在讨论人为管理对土壤、植被的影响之前，首先应当建立当地植被的同位素基础值，即未经人为管理的植物的同位素值，将农作物同位素值与之比较，进而确定人为管理对农作物同位素值的改变。② 虽然考古遗址中也会有炭化的野生植物种子发现，由于不能明确其生长环境——自然生长或在农田中与农作物伴生，因而不能直接作为自然植被的同位素基础值，而是通过野生食草动物的同位素值来推算。

白水河流域野生食草动物（草兔、梅花鹿、獐）的 $\delta^{15}N$ 平均值为 $4.3 \pm 0.8‰$（$n = 13$），减去 $\delta^{15}N$ 随营养级的富集值（4‰），可以得到食草动物的食物——野生植物的 $\delta^{15}N$，约为 0.3‰。一般认为，野生植物没有经过任何的人为干预，反映的是自然环境信息，因此，可以将 0.3‰作为环境植被 $\delta^{15}N$ 基础值。需要指出的是，不同自然植被 $\delta^{15}N$ 存在一定差异，不同动物也有着各自特定的活动范围和摄食选择。推算出的 0.3‰这个值仅仅代表的是草兔、梅花鹿、獐等食草动物所食用的植物树叶或草的 $\delta^{15}N$，并不能反映整个自然植被的情况。因此，这一推算出来的同位素值代

---

① Szpak P.，"Complexities of Nitrogen Isotope Biogeochemistry in Plant-soil Systems: Implications for the Study of Ancient Agricultural and Animal Management Practices"，*Frontiers in Plant Science*，Vol. 5，2014，p. 288.

② Bogaard A.，Fraser R.，Heaton T. H.，et al.，"Crop Manuring and Intensive Land Management by Europe's First Farmers"，*Proceedings of the National Academy of Sciences*，Vol. 110，No. 31，2013，pp. 12589 – 12594；Fraser R. A.，Bogaard A.，Schäfer M.，et al.，"Integrating Botanical，Faunal and Human Stable Carbon and Nitrogen Isotope Values to Reconstruct Land Use and Palaeodiet at LBK Vaihingen an Der Enz，Baden-Württemberg"，*World Archaeology*，Vol. 45，No. 2，2013，pp. 492 – 517；Styring A. K.，Fraser R. A.，Arbogast R. M.，et al.，"Refining Human Palaeodietary Reconstruction Using Amino Acid $\delta^{15}N$ Values of Plants，Animals and Humans"，*Journal of Archaeological Science*，Vol. 53，2015，pp. 504 – 515；Vaiglova P.，Bogaard A.，Collins M.，et al.，"An Integrated Stable Isotope Study of Plants and Animals from Kouphovouno，Southern Greece: A New Look at Neolithic Farming"，*Journal of Archaeological Science*，Vol. 42，2014，pp. 201 – 215.

表的是没有经过施肥的自然植被的粗略估算值，这也是目前所能得到的最为接近的基础值。

五　白水河流域新石器时代晚期粟、黍施肥的证据

图 22 展示了白水河流域各遗址粟、黍的 $\delta^{13}C$、$\delta^{15}N$ 值，图中标注的年代数据来自和该样品同一单位的测年数据。最下端的实线代表的是当地环境植被 $\delta^{15}N$ 基础值，即未经施肥的植物 $\delta^{15}N$ 估算值。很明显地看出，所有粟、黍样品的 $\delta^{15}N$ 值均高于当地植被基础值，平均值高出约 5‰。

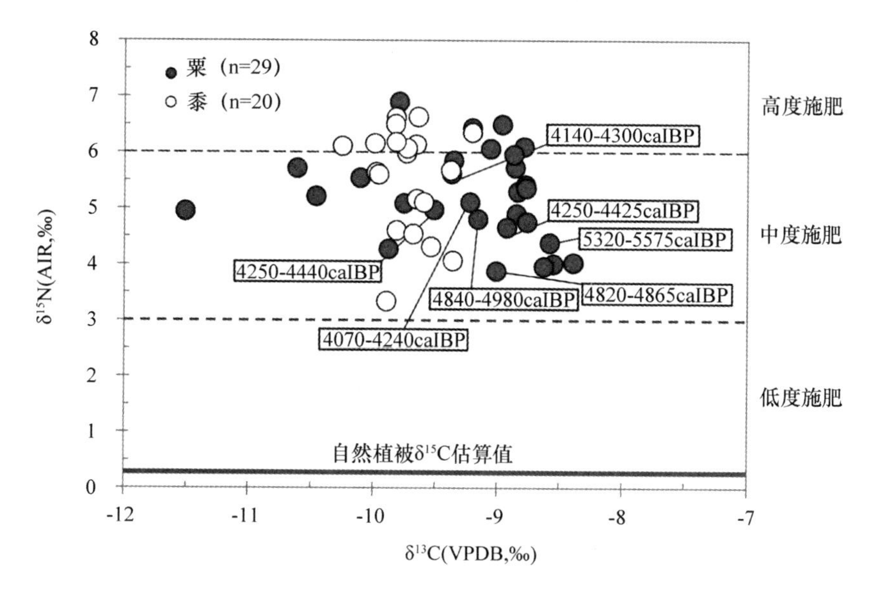

图 22　施肥模型下的粟、黍同位素值分布情况

除了施肥因素外，干旱、高温同样会带来植物 $\delta^{15}N$ 值的升高。[①]

---

① Handley L., Austin A., Stewart G., et al., "The ^{15}N Natural Abundance ($\delta^{15}N$) of Ecosystem Samples Reflects Measures of Water Availability", *Functional Plant Biology*, Vol. 26, No. 2, 1999, pp. 185 - 199.

孙楠等人利用下河遗址木炭化石对该地区气候进行重建：5050 BP—4870 BP 阶段，当地年均温约为 12.9℃，年均降水量约为 758.4 毫米，显示出下河遗址所在的白水河流域气候条件较为适宜，可以排除干旱、高温等因素对植物 $\delta^{15}N$ 值的影响。并且，如果气候高温、干旱，也会带来自然植被 $\delta^{15}N$ 值升高，而推算出的自然植被 $\delta^{15}N$ 基础值（约 0.3‰）较低，并未表现出这一影响。

因此，白水河流域粟、黍较高的 $\delta^{15}N$ 值表明粟、黍在生长阶段应当受到了动物性肥料的投入。从下河和马坡遗址相关的动物骨骼证据来看，这些动物性肥料最大的可能性来自家猪，因为家猪是两处遗址中数量最为丰富的动物，并且从稳定同位素数据来看，家猪的 $\delta^{15}N$ 值与粟、黍更为接近。不仅是在白水河流域，家猪是我国新石器时代遗址中出土数量最为丰富的家养动物，因而家猪的粪便有极大可能用于农田的施肥。除此之外，动物遗存中也发现了黄牛，黄牛也可能是肥料的来源之一。

将白水河流域的粟、黍数据与目前已发表的现代、古代粟、黍数据一起比较（图 23、表 29），发现所有古代粟、黍样品表现出比现代样品更高的 $\delta^{13}C$ 和 $\delta^{15}N$ 值。现代粟、黍与古代样品 $\delta^{13}C$ 值存在约 2‰的差值，这一差值可以用休斯效应（Suess effect）解释，即现代社会人为碳排放造成的大气碳稳定同位素值比古代社会变低。① 而 $\delta^{15}N$ 值约 4‰的差值则来源于施肥的效果。② 现代农业的

---

① Marino B. D., McElroy M. B., "Isotopic Composition of Atmospheric CO_2 Inferred from Carbon in C_4 Plant Cellulose", *Nature*, Vol. 349, No. 6305, 1991, pp. 127 – 131.

② Bogaard A., Fraser R., Heaton T. H., et al., "Crop Manuring and Intensive Land Management by Europe's First Farmers", *Proceedings of the National Academy of Sciences*, Vol. 110, No. 31, 2013, pp. 12589 – 12594.

肥料主要为化肥，现代粟、黍未施加有机肥，有的还会施加化肥，因此表现出较低的 $\delta^{15}N$ 值。

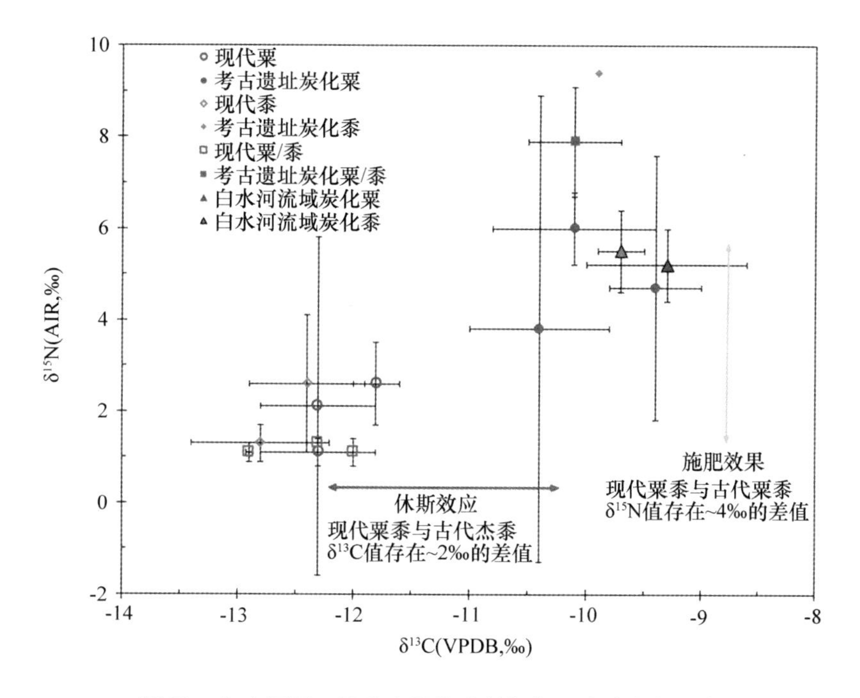

图 23　白水河粟、黍稳定同位素数据与已发表数据比较

很遗憾的是，目前尚未建立粟、黍的施肥模型，为了评估对粟、黍的施肥程度，本研究中直接采用了欧洲地区麦类作物的施肥模型作为参考。根据这一模型，$\delta^{15}N$ 值 < 3‰、3‰—6‰、>6‰分别对应的是低度、中度、高度施肥效果。白水河流域所有的粟、黍氮同位素值均高于 3‰，表明这一地区的粟、黍有可能进行了至少中等程度的施肥，36% 的样品 $\delta^{15}N$ 值高于 6‰，高于这一值代表的是较高程度的施肥（图 22）。此外，从 5575 BP 到 4070 BP 超过 1500 年的时间跨度内，粟、黍的 $\delta^{15}N$ 值一直表现出相对稳定的较高值（图 22、表 27）。现代种植实验中，一

年施肥带来粟 $\delta^{15}N$ 值0.8‰的提升（本书第四章），而白水河流域粟、黍相比自然值提升了大约5‰，普遍较高的 $\delta^{15}N$ 值显示出当地施肥行为的长期性和持续性。上述数据均表明，为了提高作物产量、维持土壤肥力，白水河流域地区在新石器时代晚期（5500 BP—3500 BP）就已经存在着长期持续的中、高程度的施肥方式。

需要指出的是，Lightfoot 等人①发表了多个品种的粟的现代实验数据，数据显示，自然生长的现代粟表现出相对较高的 $\delta^{15}N$ 值（5.1 ± 1.5‰，n = 29），并且变化范围较大（约6‰）。因此，研究者认为较高的 $\delta^{15}N$ 值是某些品种的粟的自身特性，而非施肥造成。然而，中国本土采集的现代粟、黍样品几乎全部表现出较低的 $\delta^{15}N$ 值（约2‰）。这一差异的原因主要是土壤环境造成的，Lightfoot 等人在实验中采用的是堆肥（compost）作为土壤载体，这是一种富含大量有机腐殖质和微生物的混合物，本身就是富集 $\delta^{15}N$ 的；而中国本土的粟、黍生长在自然土壤中，更接近粟、黍的自然状态。此外，在另一项研究中，来自中国的黍子样品种植在与 Lightfoot 等人同一实验条件中，$\delta^{15}N$ 值也会升高，而同一研究中，种植在中国的黍子仍然表现出较低的 $\delta^{15}N$ 值，② 这些数据同样证明了中国本土的粟、黍品种本身低 $\delta^{15}N$ 值的事实。

---

① Lightfoot E., Przelomska N., Craven M., et al., "Intraspecific Carbon and Nitrogen Isotopic Variability in Foxtail Millet (Setariaitalica)", *Rapid Communications in Mass Spectrometry*, Vol. 30, No. 13, 2016, pp. 1475 – 1487.

② Liu X., Food webs, *Subsistence and Changing Culture: The Development of Early Farming Communities in the Chifeng Region*, North China, University of Cambridge, 2009, p. 187.

六　新石器时代晚期施肥与粟作农业的扩张

黄土是第四纪期间形成的一种富含泥沙颗粒和云母矿物的陆生沉积物。[①] 黄土因其独特的土壤性质和养分而被认为是最肥沃的土壤之一。然而，黄土土壤的最大缺点之一是黏土含量低，有机物流失严重，长期耕种会导致作物发芽率低、产量下降。因此，黄土土壤在长期耕作后含氮量下降，而难以实现高强度栽培。然而，有机肥或动物粪便的加入可以显著改变土壤条件，提高土壤肥力，保持作物产量。小麦与谷子的栽培试验表明，长期施用有机肥能提高黄土土壤中碳和氮的含量，提高根系的生长以及土壤酶在根系的活力，促进作物生长发育，提高作物产量和品质，[②] 提高黄土高原谷子产量最重要的措施是有机肥料的添加。[③]

全新世中期（8500 BP—3100 BP），中国黄土地区气候变暖变湿，[④] 这一气候条件为新石器时代先民推广粟、黍在黄土地区的栽培提供了必要的环境。包括研究区在内的多处遗址同位素证据表

① Catt J.，"The Agricultural Importance of Loess"，*Earth-Science Reviews*，Vol. 54，No. 1，2001，pp. 213 – 229.

② 方日尧、同延安、耿增超、梁东丽：《黄土高原区长期施用有机肥对土壤肥力及小麦产量的影响》，《中国生态农业学报》2003 年第 2 期；龚清世：《不同有机肥和不同施肥水平对谷子产量的影响》，《海峡科技与产业》2016 年第 11 期；祁宏英：《有机肥对谷子生育性状及产量影响的研究》，硕士学位论文，吉林农业大学，2004 年；杨军学、罗世武、张尚沛等：《不同有机肥对谷子产量、品质等的影响》，《陕西农业科学》2016 年第 1 期；杨珍平、张翔宇、苗果园：《施肥对生土地谷子根苗生长及根际土壤酶和微生物种群的影响》，《核农学报》2010 年第 4 期。

③ 刘秀桃、薛海龙、杨晓军：《黄土高原区旱作谷子高产栽培集成技术》，《农业科技通讯》2013 年第 8 期；王桂梅、陈占飞、杨晓军：《黄土高原旱作糜子高产栽培集成技术》，《陕西农业科学》2014 年第 6 期。

④ Tan Z.，Han Y.，Cao J.，et al.，"Holocene Wildfire History and Human Activity from High-resolution Charcoal and Elemental Black Carbon Records in the Guanzhong Basin of the Loess Plateau，China"，*Quaternary Science Reviews*，Vol. 109，2015，pp. 76 – 87.

明，新石器时代人和家养动物（猪、狗、牛、羊）摄入了大量的 C_4 类食物（粟、黍）。① 虽然通过刀耕火种可以实现土地扩张，来提高作物产量，缓解人口增长带来的压力，但是黄土的土壤肥力也会随着连续耕种而降低。因而，如果没有有机肥料的持续投入，黄土地区粟作农业长期耕作和扩张的可能性将会非常小。

动物考古和同位素研究表明，仰韶文化时期家猪作为最为重要、最为常见的家养动物，为人类提供主要的肉食来源。② 在大多数仰韶和龙山时期遗址中，家猪主要以粟、黍为食，③ 此外，距离白水河流域不远的半坡遗址曾发现动物圈栏。④ 这些证据均表明，家猪与粟作农业的关系非常密切。在本研究中，白水河流域猪和粟、黍种子 $\delta^{15}N$ 差值仅为 1.3‰，而如果家猪食用了这些粟、黍，

---

① Atahan P., Dodson J., Li X., et al., "Early Neolithic Diets at Baijia, Wei River Valley, China: Stable Carbon and Nitrogen Isotope Analysis of Human and Faunal Remains", *Journal of Archaeological Science*, Vol. 38, No. 10, 2011, pp. 2811 – 2817; Atahan P., Dodson J., Li X. Q., et al., "Temporal Trends in Millet Consumption in Northern China", *Journal of Archaeological Science*, Vol. 50, 2014, pp. 171 – 177; Barton L., Newsome S. D., Chen F., et al., "Agricultural Origins and the Isotopic Identity of Domestication in Northern China", *Proceedings of the National Academy of Sciences*, Vol. 106, 2008, pp. 5523 – 5528; Chen X. L., Fang Y. M., Hu Y. W., et al., "Isotopic Reconstruction of the Late Longshan Period (ca. 4200 – 3900 BP) Dietary Complexity Before the Onset of State-Level Societies at the Wadian Site in the Ying River Valley, Central Plains, China", *International Journal of Osteoarchaeology*, Vol. 26, No. 5, 2016, pp. 808 – 817; Hu Y., Luan F., Wang S., et al., "Preliminary Attempt to Distinguish the Domesticated Pigs from Wild Boars by the Methods of Carbon and Nitrogen Stable Isotope Analysis", *Science in China Series D: Earth Sciences*, Vol. 52, No. 1, 2009, pp. 85 – 92; Pechenkina E. A., Ambrose S. H., Ma X. L., Benfer R. A., "Reconstructing Northern Chinese Neolithic Subsistence Practices by Isotopic Analysis", *Journal of Archaeological Science*, Vol. 32, No. 8, 2005, pp. 1176 – 1189.

② 韩榕：《潍县鲁家口新石器时代遗址》，《考古学报》1985 年第 3 期；黄蕴平：《内蒙古朱开沟遗址兽骨的鉴定与研究》，《考古学报》1996 年第 4 期；李有恒、韩德芬：《陕西西安半坡新石器时代遗址中之兽类骨骼》，《古脊椎动物学报》1959 年第 4 期。

③ Barton L., Newsome S. D., Chen F., et al., "Agricultural Origins and the Isotopic Identity of Domestication in Northern China", *Proceedings of the National Academy of Sciences*, Vol. 106, 2008, pp. 5523 – 5528; Pechenkina E. A., Ambrose S. H., Ma X. L., Benfer R. A., "Reconstructing Northern Chinese Neolithic Subsistence Practices by Isotopic Analysis", *Journal of Archaeological Science*, Vol. 32, No. 8, 2005, pp. 1176 – 1189.

④ 中国科学考古研究所：《西安半坡》，文物出版社 1963 年版。

差值应当明显高于1.3‰（约4‰）。现代粟、黍研究表明，种子的$\delta^{15}N$值比叶片高2‰左右，[①] 由此可见，白水河流域先民可能向家猪饲喂了$\delta^{15}N$值较种子更低的粟、黍副产品（叶片等），而粟、黍种子则主要是人类的食物。[②] 在以往研究中，家猪较高的氮同位素值往往解释为来自人类食物残渣等的动物蛋白的摄入，然而，在本研究中，消费了施肥的粟、黍同样会带来氮同位素值的提高，较高的$\delta^{15}N$值并非完全来自动物蛋白。在没有作物氮同位素数据的情况下，家猪、其他家畜，乃至人类的食谱可能会高估动物蛋白的消费。因此，有理由认为，在以往的研究中，粟作农业的地位、粟、黍在人类食物中的比重可能被一定程度的低估。

研究表明，以猪粪为肥料的现代小米产量可以提高大约18%，猪粪是所有家畜产生的粪肥中肥力最好的，[③] Eghball等人指出，经过一年的施肥，植物可以从猪粪中得到75%—90%氮，而从牛粪中得到的氮只有20%—40%。[④] 因此，新石器时代晚期，家猪的大量驯养所产生的大量粪便被人类收集，作为有机肥料加以利用来提高土壤肥力和作物产量，促进了粟作农业的强化。

食物资料的累积为人口扩张提供了强有力的物质基础，庙底沟

---

① An C., Dong W., Li H., et al., "Variability of the Stable Carbon Isotope Ratio in Modern and Archaeological Millets: Evidence from Northern China", *Journal of Archaeological Science*, Vol. 53, 2015, pp. 316 - 322; Lightfoot E., Przelomska N., Craven M., et al., "Intraspecific Carbon and Nitrogen Isotopic Variability in Foxtail Millet (Setariaitalica)", *Rapid Communications in Mass Spectrometry*, Vol. 30, No. 13, 2016, pp. 1475 - 1487.

② Moreno-Larrazabal A., Teira-Brión A., Sopelana-SalcedoI., et al., "Ethnobotany of Millet Cultivation in the North of the Iberian Peninsula", *Vegetation History and Archaeobotany*, Vol. 24, No. 4, 2015, pp. 541 - 554.

③ 杨军学、罗世武、张尚沛等：《不同有机肥对谷子产量、品质等的影响》，《陕西农业科学》2016年第1期。

④ Eghball B., Wienhold B. J., Gilley J. E., Eigenberg R. A., "Mineralization of Manure Nutrients", *Journal of Soil and Water Conservation*, Vol. 57, No. 6, 2002, pp. 470 - 473.

时期（6000BP—5000BP），仰韶文化分布范围显著扩张，文化发展达到鼎盛，同时伴随着粟作农业的扩张。[①] 同位素证据显示，5000BP—4500BP，我国北方地区人骨碳同位素 C_4 信号加强，表明这一时期粟黍在人类食物结构中的比重进一步增加。农业的强化离不开生产技术的保障，施肥等农田管理为粟作农业的扩张和强化提供了重要支持，从这个角度来看，对粟、黍进行的施肥管理，可以视为新石器时代晚期我国北方地区粟作农业扩张和人口增长的重要驱动力。

七　白水河流域不同时期粟、黍 $\delta^{13}C$、$\delta^{15}N$ 值变化

图 20 显示了新石器时代晚期白水河流域炭化粟、黍 $\delta^{13}C$、$\delta^{15}N$ 值变化曲线。通过对来自庙底沟二期典型遗迹单位出土的炭化种子进行碳十四年代测定，判定白水河流域庙底沟二期文化的年代范围约为 4300BP—4100BP，而这一时期恰好经历了一次全球性显著的气候事件——4200BP 事件，气候在这期间持续变干变冷。[②] 庙底沟二期粟的 $\delta^{13}C$ 值比龙山时期有所升高，而黍的 $\delta^{13}C$ 值比前后时期均有所升高，$\delta^{13}C$ 值与降水量表现出一定的负相关关系。此外，粟的变化趋势小于黍，这可能是受不同 C_4 植物类型影响：NADP-ME 类型（粟）对于气候变化的反应不如 NAD-ME 类型（黍）敏感。[③]

---

① 董广辉、杨谊时、韩建业等：《农作物传播视角下的欧亚大陆史前东西方文化交流》，《中国科学：地球科学》2017 年第 5 期。

② Arz H. W. , Lamy F. , Pätzold J. , "A Pronounced Dry Event Recorded Around 4. 2 ka in Brine Sediments from the Northern Red Sea", *Quaternary Research*, Vol. 66, No. 3, 2006, pp. 432 – 441.

③ Buchmann N. , Brooks J. R. , Rapp K. , Ehleringer J. R. , "Carbon Isotope Composition of C_4 Grasses is Influenced by Light and Water Supply", *Plant Cell and Environment*, Vol. 19, No. 4, 1996, pp. 392 – 402.

碳稳定同位素与气候的变化结果表明，黍相对于粟可能更具有气候指示的作用。[①]

相对碳稳定同位素而言，不同时期粟、黍 $\delta^{15}N$ 值前后变化不大，分布范围也比较接近，表明粟、黍两种作物三个时期受到的施肥程度基本相同。短期的施肥对土壤添加的营养物质会随着持续的耕作而消耗掉，因此，为了保持土壤肥力就需要对农田进行长时间持续的施肥行为。白水河流域新石器时代晚期粟、黍持续较高的 $\delta^{15}N$ 值表明，从仰韶时期开始，当地先民就已经开始了较为普遍的长期（5575BP—4070 BP）施肥措施。

八　小结

通过对白水河流域新石器时代晚期下河、南山头、北山头、马坡、汉寨、睦王河七处遗址出土粟、黍及动物碳、氮稳定同位素的分析，重建了新石器时代晚期该地区农田管理以及家畜管理方式。白水河流域粟、黍 $\delta^{15}N$ 值明显高于自然环境背景值，并且在较长时间尺度（5500BP—3500 BP）内普遍较高，表明白水河流域新石器时期晚期（5500BP—3500BP）粟、黍就已经受到长期、持续的施肥管理，肥料主要来源可能是家猪的粪便，从稳定同位素角度证实了新石器时代施肥行为的存在。在新石器时代晚期黄土地区，黄土水肥流失严重，施肥管理可以有效保持土壤肥力，提高粟、黍产量，为人和家畜提供食物来源。因此，施肥可以视为新石器时代晚期我国北方地区粟作农业扩张和人口增长的重要驱动力。

---

① 杨青、李小强：《黄土高原地区粟、黍碳同位素特征及其影响因素研究》，《中国科学·地球科学》2015 年第 11 期。

表 27　　植物碳、氮稳定同位素测试结果

编号	种属	时期	遗址	单位	数量	重量(mg)	$\delta^{13}C$	$\delta^{15}N$	(%) C	(%) N	Atomic C : N
1	粟	仰韶晚期	下河	G1①	15	2.74	-8.9	5.7	57.8	3.8	17.6
2	粟	仰韶晚期	下河	XH06	15	3.40	-10.1	5.5	60.1	4.3	16.2
3	粟	仰韶晚期	下河	XH08	15	2.82	-8.8	5.3	60.4	3.6	19.4
4	粟	仰韶晚期	下河	XH09	15	3.06	-10.6	5.7	56.2	3.8	17.4
5	粟	仰韶晚期	下河	H9	15	3.11	-8.8	6.1	57.5	4.2	16.2
6	粟	仰韶晚期	下河	G1③	15	2.91	-9.8	6.9	44.1	4.3	12.1
7	粟	仰韶晚期	下河	G1	15	2.74	-8.8	5.4	57.6	3.9	17.4
8	粟	仰韶晚期	下河	H48	15	3.70	-9.8	5.1	60.2	3.5	19.9
9	粟	庙底沟二期	下河	H20②	15	3.11	-9.2	5.1	61.4	4.5	16.1
10	粟	龙山	下河	T2⑤	15	4.26	-8.8	4.9	62.6	3.7	19.9
11	粟	龙山	下河	T2⑤	15	2.33	-8.8	5.4	60.3	3.6	19.8
12	粟	龙山	下河	H45	15	3.20	-8.9	4.7	61.0	3.8	18.8
13	粟	龙山	下河	H24①	15	2.83	-9.2	6.4	59.7	4.2	16.7
14	粟	龙山	下河	H24②	15	2.10	-10.5	5.2	59.7	4.2	16.5
15	粟	龙山	下河	H19	15	3.14	-8.8	4.8	61.4	3.5	20.5
16	粟	龙山	下河	H34	15	3.20	-9.1	6.1	59.5	4.8	14.5
17	粟	庙底沟二期	下河	H20②	20	4.1	-8.9	6.0	63.8	4.2	13.0
18	粟	仰韶早期	南山头	H15	15	2.22	-9.2	4.8	77.5	4.9	18.5
19	粟	庙底沟二期	南山头	H10	15	3.01	-9.0	3.9	61.3	4.7	15.1
20	粟	龙山	南山头	H12	15	1.83	-11.5	4.9	58.8	4.4	15.6
21	粟	庙底沟二期	马坡	H1	15	2.68	-9.4	5.6	59.1	5.2	13.3
22	粟	龙山	汉寨	H10	15	3.47	-9.0	6.5	59.9	4.6	15.4
23	粟	庙底沟二期	汉寨	H2	15	3.34	-9.5	5.0	60.2	5.2	13.5
24	粟	仰韶晚期	西山	H2	15	1.98	-9.4	5.8	59.6	4.3	16.1
25	粟	仰韶早期	北山头	H1	15	4.3	-9.9	4.3	48.4	2.7	20.6
26	粟	仰韶早期	北山头	H1	15	4.4	-8.5	4.0	63.8	4.1	18.3
27	粟	仰韶早期	北山头	H1	20	3.2	-8.6	4.0	64.5	4.1	18.5

续表

编号	种属	时期	遗址	单位	数量	重量（mg）	$\delta^{13}C$	$\delta^{15}N$	（%）C	（%）N	Atomic C：N
28	粟	仰韶早期	北山头	H1	15	2. 3	-8. 4	4. 0	63. 7	4. 1	18. 2
29	粟	仰韶早期	北山头	H1	20	3. 8	-8. 6	4. 4	63. 8	4. 1	18. 3
30	黍	仰韶晚期	下河	G1	5	2. 14	-9. 7	6. 0	58. 7	3. 1	22. 4
31	黍	仰韶晚期	下河	XH08	5	2. 71	-10. 3	6. 1	60. 7	3. 6	19. 7
32	黍	仰韶晚期	下河	H9	5	2. 92	-10. 0	6. 2	58. 0	3. 3	20. 5
33	黍	仰韶晚期	下河	H48	5	3. 44	-9. 8	4. 6	58. 9	4. 6	14. 8
34	黍	庙底沟二期	下河	H20②	5	3. 44	-9. 2	6. 3	60. 8	5. 3	13. 3
35	黍	龙山	下河	H45	5	2. 23	-9. 7	5. 2	60. 3	3. 8	18. 8
36	黍	龙山	下河	H19	5	1. 47	-9. 9	3. 3	61. 5	3. 1	23. 1
37	黍	龙山	下河	H34	5	1. 75	-9. 4	5. 7	60. 8	3. 5	20. 6
38	黍	龙山	下河	H24②	5	1. 77	-9. 6	5. 1	60. 5	4. 0	17. 6
39	黍	庙底沟二期	下河	H20②	6	3. 3	-9. 7	4. 5	63. 5	3. 9	14. 0
40	黍	庙底沟二期	下河	H20②	6	3. 1	-10. 0	5. 6	61. 6	4. 4	12. 0
41	黍	庙底沟二期	下河	H20②	6	3. 3	-9. 5	4. 3	63. 2	4. 1	13. 3
42	黍	庙底沟二期	下河	H20②	6	3. 5	-9. 6	6. 6	8. 5	2. 0	3. 7
43	黍	仰韶早期	南山头	H15	5	2. 08	-9. 8	6. 6	59. 8	4. 7	14. 9
44	黍	龙山	南山头	H11	5	1. 14	-9. 7	6. 1	61. 0	4. 2	17. 0
45	黍	庙底沟二期	汉寨	H2	5	2. 97	-9. 7	6. 1	57. 7	5. 0	13. 4
46	黍	龙山	汉寨	H10	5	3. 07	-9. 8	6. 5	62. 1	4. 0	18. 3
47	黍	仰韶早期	北山头	H1	20	3. 5	-9. 4	4. 1	62. 9	3. 6	20. 4
48	黍	仰韶早期	睦王河	H1	6	3. 6	-9. 8	6. 2	61. 3	3. 7	19. 2
49	黍	仰韶早期	睦王河	H1	10	3. 4	-10. 0	5. 6	61. 1	4. 2	17. 1

表 28　　动物碳、氮稳定同位素测试结果

编号	种属	遗址	单位	%骨胶原得率	$\delta^{13}C$	$\delta^{15}N$	(%) C	(%) N	Atomic C : N
B1	猪	下河	H15 : 17	7.1	-18.1	7.6	44.0	15.3	3.3
B2	猪	下河	H15 : 21	5.6	-5.3	7.2	42.5	15.1	3.3
B3	猪	下河	H15 : 26	3.9	-6.6	7.3	43.9	15.5	3.3
B4	猪	下河	H26 : 3	3.7	-7.8	7.4	43.7	15.3	3.3
B5	猪	下河	H16 : 10	9.5	-5.6	7.0	44.8	15.7	3.3
B6	猪	下河	T0208④ : 16	3.3	-6.1	6.9	42.6	15.2	3.3
B7	猪	下河	H16 : 11	9.9	-5.3	6.7	40.8	14.8	3.2
B8	猪	下河	H7 : 41	7.1	-6.3	7.0	44.3	15.9	3.2
B9	猪	下河	H7 : 39	6.5	-5.7	7.9	44.4	16.0	3.2
B10	猪	下河	H45 : 101	8.7	-16.3	3.6	44.0	15.9	3.2
B11	猪	下河	F1Z1 : 590	4.3	-6.0	7.5	44.4	16.1	3.2
B12	猪	下河	F1Z1 : 607	1.2	-6.7	7.3	36.2	13.6	3.1
B13	猪	下河	F1Z1 : 609	15.1	-9.3	6.9	42.7	15.6	3.2
B14	猪	下河	H52 : 3	6.9	-10.9	6.9	44.0	15.9	3.2
B15	猪	下河	H52 : 4	3.3	-6.2	6.9	44.9	16.2	3.2
B16	猪	下河	H7 : 40	6.8	-5.2	6.8	37.9	13.7	3.2
B17	猪	马坡	H1 : 26	16.6	-6.9	6.5	45.3	16.2	3.3
B18	猪	马坡	H1 : 14	13.5	-7.1	5.6	44.8	16.1	3.2
B19	猪	马坡	H1 : 36	5.5	-7.6	6.2	43.8	15.7	3.3
B20	猪	马坡	H1 : 34	5.1	-5.5	5.9	43.8	15.9	3.2
B21	猪	马坡	H1 : 42	11.4	-8.2	7.2	44.5	15.9	3.3

续表

编号	种属	遗址	单位	%骨胶原得率	$\delta^{13}C$	$\delta^{15}N$	(%) C	(%) N	Atomic C : N
B22	猪	马坡	H1：39	10.8	-8.6	7.2	44.9	16.3	3.2
B23	猪	马坡	H1：41	2.9	-7.9	6.4	43.8	16.0	3.2
B24	猪	马坡	H1：54	7.1	-12.1	7.0	43.8	15.6	3.3
B25	猪	马坡	H1：38	7.8	-7.1	7.0	45.8	16.3	3.3
B26	梅花鹿	下河	H45：105	6.3	-17.2	3.4	44.0	16.2	3.2
B27	梅花鹿	下河	H44：45	7.0	-16.4	3.9	16.0	5.9	3.2
B28	梅花鹿	下河	H45：104	4.1	-16.4	4.4	42.5	15.3	3.2
B29	梅花鹿	下河	H44：44	6.0	-18.6	4.1	43.4	15.6	3.2
B30	梅花鹿	下河	H45：106	7.4	-18.8	4.4	41.6	15.1	3.2
B31	梅花鹿	下河	H45：100	9.5	-17.1	4.0	38.7	14.6	3.1
B32	梅花鹿	马坡	H1：88	12.5	-18.6	4.9	43.8	15.9	3.2
B33	獐	下河	T0512②：16	8.4	-19.6	4.9	44.3	15.9	3.3
B34	獐	下河	T0208⑤：59	6.7	-18.0	4.5	46.4	16.6	3.3
B35	獐	马坡	H1：73	4.8	-19.8	4.7	44.3	16.2	3.2
B36	獐	马坡	H1：70	7.1	-19.5	4.7	44.3	16.1	3.2
B37	獾	下河	F1①：20	6.3	-16.9	9.0	34.1	13.7	2.9
B38	獾	下河	F1①：21	8.2	-8.0	5.7	45.0	16.1	3.3
B39	獾	马坡	H1：10	12.2	-11.0	6.7	45.0	16.3	3.2
B40	草兔	下河	H9：4	6.6	-18.6	2.3	45.1	16.3	3.2
B41	草兔	下河	H28：1	5.6	-18.8	5.2	44.4	15.9	3.3
B42	牛	马坡	H1：91	5.0	-10.9	6.6	44.6	16.2	3.2

表 29　　**已发表粟、黍稳定同位素值列表**①

种属	来源地	年代	数量	$\delta^{13}C$ (‰)	标准偏差	数量	$\delta^{15}N$ (‰)	标准偏差
粟	未知	现代	4	-11.8	0.2	4	2.6	0.9
粟	黄土高原	现代	13	-12.5	0.4	0	—	—
粟	黄土高原	现代	22	-12.7	0.5	0	—	—
粟	黄土高原	现代	14	-12.3	0.5	14	2.1	3.7
粟	黄土高原	现代	66	-12.3	0.5	66	1.1	0.3
粟	黄土高原	5500BP—5000BP	6	-10.4	0.6	3	3.8	5.1
粟	黄土高原	5000BP—4500BP	3	-10.1	0.7	3	6.0	0.8
粟	黄土高原	4300BP—3800BP	6	-9.4	0.4	6	4.7	2.9
黍	中国北部	现代	15	-12.4	0.5	15	2.6	1.5
黍	黄土高原	现代	10	-13.1	0.5	—	—	—

① 数据来源：Pechenkina E. A., Ambrose S. H., Ma X. L., Benfer R. A., "Reconstructing Northern Chinese Neolithic Subsistence Practices by Isotopic Analysis", *Journal of Archaeological Science*, Vol. 32, No. 8, 2005, pp. 1176 - 1189; Yang Q., Li X. Q., Liu W. G., et al., "Carbon Isotope Fractionation During Low Temperature Carbonization of Foxtail and Common Millets", *Organic Geochemistry*, Vol. 42, No. 7, 2011, pp. 713 - 719; 杨青、李小强：《黄土高原地区粟、黍碳同位素特征及其影响因素研究》，《中国科学·地球科学》2015 年第 11 期；An C., Dong W., Chen Y., et al., "Stable Isotopic Investigations of Modern and Charred Foxtail Millet and the Implications for Environmental Archaeological Reconstruction in the Western Chinese Loess Plateau", *Quaternary Research*, Vol. 84, No. 1, 2015, pp. 144 - 149; An C., Dong W., Li H., et al., "Variability of the Stable Carbon Isotope Ratio in Modern and Archaeological Millets: Evidence from Northern China", *Journal of Archaeological Science*, Vol. 53, 2015, pp. 316 - 322; 董惟妙：《黄土高原现代粟、黍样品碳氮稳定同位素组成及炭化对同位素分馏的影响》，硕士学位论文，兰州大学，2012 年；Liu X., Food webs, *Subsistence and Changing Culture: The Development of Early Farming Communities in the Chifeng Region*, North China, University of Cambridge, 2009, p. 175; Yang Q., Li X., Zhou X., et al., "Quantitative Reconstruction of Summer Precipitation Using a Mid-Holocene $\delta^{13}C$ Common Millet Record from Guanzhong Basin, Northern China", *Climate of the Past*, Vol. 12, No. 12, 2016, pp. 2229 - 2240; Wu Y., Luo D., Dong H., et al., "Geographical Origin of Cereal Grains Based on Element Analyser-stable Isotope Ratio Mass Spectrometry (EA-SIRMS)", *Food Chemistry*, Vol. 174, 2015, pp. 553 - 557。

续表

种属	来源地	年代	数量	$\delta^{13}C$ (‰)	标准偏差	数量	$\delta^{15}N$ (‰)	标准偏差
黍	黄土高原	现代	15	-13.2	0.5	—	—	—
黍	黄土高原	现代	11	-12.8	0.6	66	1.3	0.4
黍	黄土高原	3750BP—3150BP	1	-9.9	—	1	9.4	—
黍	黄土高原	3440BP—7650BP	66	-10.2	0.4	—	—	—
粟/黍	黑龙江	现代	3	-12.0	0.0	3	1.1	0.3
粟/黍	山东	现代	3	-12.3	0.0	3	1.3	0.2
粟/黍	江苏	现代	3	-12.9	0.0	3	1.1	0.2
粟/黍	中国西部	4150BP—2850BP	3	-10.1	0.4	3	7.9	1.2

第六章　嵩山南麓植物遗存稳定同位素研究

第一节　研究区自然地理概况与考古学背景

一　嵩山南麓自然地理概况

嵩山属伏牛山系，位于河南省西部，南临颍水，北瞰黄河、洛水，东依郑州，西通洛阳，地处山地高原和平原丘陵交界，地形以浅山丘陵和冲积平原为主。[①] 嵩山地区属北温带季风气候，年均温14℃，年均降水量640毫米。[②] 嵩山是中华文明的发源地，得天独厚的地理位置和适宜居住的气候环境使这一地区成为四方文化的轴心，尤其是在新石器时代晚期至青铜时代吸纳周边地区文化精华，多种文化因素在此融汇、聚集，最终催生出灿烂的中华文明。

其中嵩山南麓地区（图24）在新石器时代龙山文化晚期就已崭露头角，是史前城邑聚落的主要聚集区，目前已发现的16座史前古城多数集中分布在嵩山南麓的颍河上游及其支流双洎河上游

---

① 河南省地质矿产局编：《河南省区域地质志》，地质出版社1985年版。

② 李中轩、吴国玺、朱诚等：《4.2—3.5kaBP嵩山南麓聚落的时空特征及其演化模式》，《地理学报》2016年第9期。

一带，这些古城作为不同区域的中心聚落，之间也存在交流和融合，最终促成二里头广域王权国家的形成。[①] 嵩山南麓地区也因此成为研究早期邦国和文明起源的核心区域。

文明形成的背后，物质资料的累积起到了重要的推动作用，而物质资料的累积离不开农业的发展和生产水平的提高。基于嵩山南麓地区在文明起源研究中的重要地位，为了探讨文明起源背后的动因，本章节中选取了嵩山南麓龙山文化晚期四处典型遗址，对其中出土的农作物进行稳定同位素分析，探讨当地农田管理情况，以期从农业生产水平角度认识农业经济在早期文明形成中的作用。

二　各遗址点考古学文化概况

（一）王城岗遗址

王城岗遗址（图 24）位于河南省登封市告成镇八方村东侧，颍河流域上游。遗址内发现有龙山文化晚期的两座小城堡以及奠基坑、窖穴、灰坑等遗迹。遗址内出土有青铜器、玉器（琮等）、绿松石器、白陶器等特殊手工业制品，由于原料难得、加工工艺复杂，暗示了该遗址较高的聚落等级。陶器多为砂质或泥质，灰陶较多，此外还有棕陶和黑陶等。王城岗以龙山文化中晚期遗存为主，兼有裴李岗文化、二里头文化以及商、周时期文化遗存的遗址，总面积约 1 万平方米，是颍河流域上游一处中心聚落。[②]

---

① 许宏：《公元前 2000 年：中原大变局的考古学观察》，《东方考古》2012 年，第 186—203 页。

② 许宏：《公元前 2000 年：中原大变局的考古学观察》，《东方考古》2012 年，第 186—203 页。

（二）程窑遗址

程窑遗址（图 24）位于河南省登封市程窑村东北，分布在颖河与书院河两河夹角的台地上，主体为龙山时期，兼有二里头文化和春秋战国时期文化遗存。[①] 与王城岗遗址同处颖河上游，距离仅为 5 公里左右，同属一个文化类型。该遗址在 1979 年由河南省文物研究所进行了简单试掘后，于 2014 年、2015 年进行了抢救性发掘，整体发掘面积有限，对该遗址的认识相对不够全面。本研究样品来自抢救性发掘时浮选得到的炭化种子。

（三）瓦店遗址

瓦店遗址（图 24）位于河南省禹州市瓦店村东部和西北部的台地上，颖河由西北向东南流经遗址，与上游的王城岗遗址相距 37.6 公里。瓦店遗址发现龙山文化晚期环壕和大型夯土建筑，遗址总面积超过 100 万平方米，是新石器时代末期中原地区最大的聚落之一。[②] 出土了以列觚（可能为度量衡器）、刻划符号（鸟纹）、白陶或黑陶（蛋壳）或灰陶的成套酒器、玉器等为代表的高等级精美遗物。

（四）新砦遗址

新砦遗址（图 24）位于河南省新密市刘寨镇新砦村西部，距新密市区 23 公里。1999 年—2009 年，通过北京大学考古文博学院、中国社会科学院考古研究所及郑州市文物考古研究院联合多次的发掘，发现大型建筑基址，出土各类陶器、骨器、石器和人、动物骨骼以及植物遗存。初步确定该遗址是一处拥有外壕、城壕、内壕三重防御设施，中心区建有大型城址的中心聚落。新砦遗址主体遗存

① 赵会军、曾晓敏：《河南登封程窑遗址试掘简报》，《中原文物》1982 年第 2 期。
② 河南省文物考古研究所：《禹州瓦店》，世界图书出版公司北京公司 2004 年版。

分为新砦一期（1880BC—1850BC）、新砦二期（1850BC—1750BC）、新砦三期（1750BC—1700BC），分别相当于龙山文化末期、新砦期、二里头文化一期，为龙山文化向二里头文化过渡时期的典型遗址，在文明化发展历程及早期国家形成过程中具有重要意义。[①]

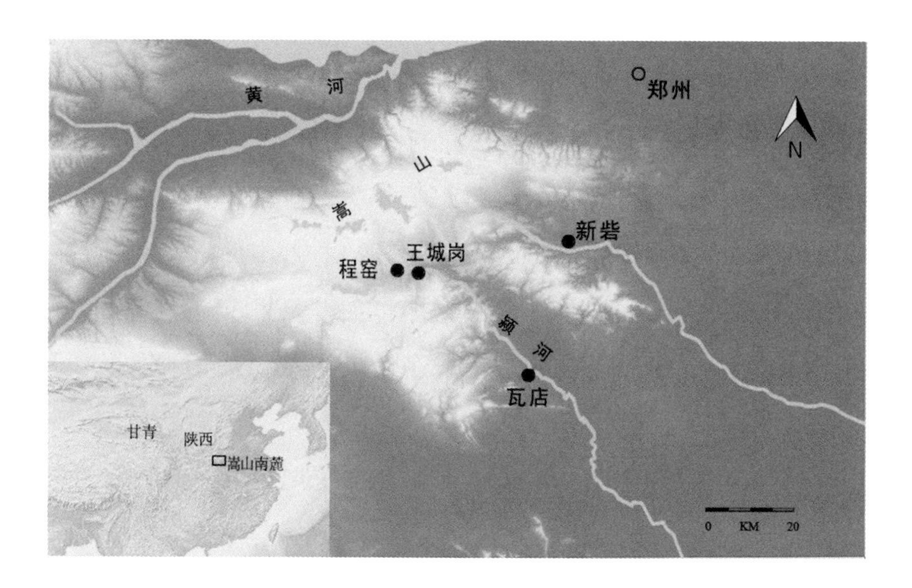

图 24　嵩山南麓各处遗址分布

第二节　研究概况

鉴于王城岗、程窑、瓦店、新砦四处遗址重要的考古学意义，植物考古、动物考古、同位素分析等多种学科研究相继展开，相互合作，共同促进整个区域的考古学研究。

---

① 许宏：《公元前 2000 年：中原大变局的考古学观察》，《东方考古》2012 年，第 186—203 页；张雪莲、仇士华、蔡莲珍等：《新砦—二里头—二里冈文化考古年代序列的建立与完善》，《考古》2007 年第 8 期；赵青春：《新砦期的确认及其意义》，《中原文物》2002 年第 1 期。

植物考古学研究表明，龙山文化晚期四处遗址均发现多种农作物，打破了长期以来单品种作物种植制度（粟作农业）。赵志军对王城岗遗址龙山晚期、二里岗时期和春秋时期样品浮选分析发现，粟一直是各时期最为重要的粮食作物，此外，黍、水稻、大豆也是主要的农作物，小麦在二里岗时期大量发现，表明小麦的种植规模和地位有明显提高。① 刘昶等对瓦店遗址开展了系统的浮选工作，在采集的149份浮选样品中共发现粟、黍、水稻、大豆、小麦五种农作物，绝对数量比例分别为51.6%、8.8%、26.2%、13.1%、0.2%，证明龙山时代多种谷物种植制度的存在，粟、黍、水稻、大豆应为当地主要农作物。② 钟华对程窑遗址和新砦遗址开展了浮选工作，粟和黍是程窑遗址最为重要的粮食作物，绝对数量分别占农作物的76.7%和17.8%，此外，大豆、水稻和小麦也有少量发现。新砦遗址2014年的浮选工作共得到107份样品，出土炭化种子包括粟、黍、水稻、大豆、小麦等农作物，绝对数量比例分别为79.0%、13.9%、5.1%、2.0%，仅发现1粒小麦，为典型的稻旱混种的农业模式，又以旱作农业为主。③

动物考古方面，家猪仍是先民获取肉食资源的主要方式，黄牛、绵羊也在多处遗址出现，标志着多种家畜饲养及多样化的利用方式。王城岗遗址中，家猪是龙山文化晚期最为重要的家畜，此外还有少量羊、牛、狗的发现。④ 新砦遗址从新砦二期开始，羊

① 赵志军、方燕明：《登封王城岗遗址浮选结果及分析》，《华夏考古》2007年第2期。

② 刘昶、方燕明：《河南禹州瓦店遗址出土植物遗存分析》，《南方文物》2010年第4期。

③ 钟华：《中原地区仰韶中期到龙山时期植物考古学研究》，博士学位论文，中国社会科学院研究生院，2016年。

④ 袁靖、黄蕴平、杨梦菲：《公元前2500—1500年中原地区动物考古学研究：以陶寺、王城岗、新砦和二里头遗址为例》，《科技考古（第2辑）》，科学出版社2007年版。

的数量明显增多，仅次于家猪，区别于家猪肉类资源利用的方式，羊主要用于提供羊毛等次级产品，表现出利用方式的多样化特点。瓦店遗址龙山时期家畜有猪、黄牛、绵羊、狗等，居民获取肉食以猪为主，牛骨是当时制作骨器的主要原料。猪、牛、羊在当时的祭祀活动中发挥重要作用。通过对瓦店遗址动物遗存的分析，表明龙山时期野生动物比例呈逐步下降趋势，家畜成为先民获得肉食资源的主要方式。①

稳定同位素生物考古方面，对新砦遗址先民和家畜的稳定同位素分析发现，粟、黍是人们植物性食物的主要来源，黄牛、绵羊对粟作农业的依赖程度比猪、狗较低；通过牙齿序列取样得到的稳定同位素数据表明，利用粟、黍副产品对羊的喂养主要集中在夏末季节，而对黄牛的喂养全年一直持续，这似乎与黄牛被圈养的饲养模式以及在祭祀活动中的重要作用有关。② 瓦店遗址同样以粟类食物作为先民食物结构中的主体，此外，水稻的重要性也开始显现，先民的肉食资源主要是以粟作农业产品饲养的家畜（以家猪为主）。猪和狗主要以粟类副产品和先民的残羹冷炙为食，绵羊采食了较多的 C_3 植物，黄牛则食用了大量的粟类产品。③

---

① 吕鹏：《禹州瓦店遗址动物遗骸的鉴定和研究》，《中华文明探源工程文集：技术与经济卷（1）》，科学出版社 2009 年版。

② 吴小红、肖怀德、魏彩云等：《河南新砦遗址人、猪食物结构与农业形态和家猪驯养的稳定同位素证据》，《科技考古（第 2 辑）》，中国社会科学院考古研究所考古科技中心主编，科学出版社 2007 年版，第 49—58 页；Dai L., Balasse M., Yuan J., et al., "Cattle and Sheep Raising and Millet Growing in the Longshan Age in Central China: Stable Isotope Investigation at the Xinzhai Site", *Quaternary International*, Vol. 426, 2016, pp. 145 - 157。

③ Chen X. L., Fang Y. M., Hu Y. W., et al., "Isotopic Reconstruction of the Late Longshan Period (ca. 4200 - 3900BP) Dietary Complexity Before the Onset of State-level Societies at the Wadian Site in the Ying River Valley, Central Plains, China", *International Journal of Osteoarchaeology*, Vol. 26, No. 5, 2016, pp. 808 - 817.

综上可见，嵩山南麓地区各学科取得了丰富的研究成果，展示了多种作物种植、多种家畜饲养及利用方式为特征的农业生产面貌，然而，相关研究至今没有植物遗存稳定同位素工作的参与，因而缺乏来自农作物本身的同位素数据，影响更为精细的食谱的建立以及农业生产技术的讨论。基于上述研究现状和不足，本研究选取了嵩山南麓新石器时代晚期几处重要遗址，从植物稳定同位素的角度，探讨当地农田管理方式和农业生产状况，进而了解农业生产技术在文明化发展进程和早期国家形成过程中的作用。

第三节　材料与方法

研究共选取王城岗、程窑、瓦店、新砦四处遗址 55 份炭化植物种子样品，包括粟、黍、水稻、大豆四种农作物，共计 456 粒（表 31）。为了满足测试所需样品量，根据种子籽粒大小，炭化粟样品每份选取 20 粒、黍每份 4 粒—10 粒、水稻和大豆每份 1 粒。选取的炭化种子形态完整，表面较为干净。每份样品分别加入 0.5 克/摩尔盐酸溶液，80℃水浴加热至充分反应，[①] 然后用去离子水冲洗三遍，烘干，研磨，用于同位素测试。

样品测试在中国科学院考古学与人类学系实验室完成，测试仪器为配备有 Vario 元素分析仪的 Isoprime100 稳定同位素质谱仪。碳同位素的分析结果以相对 VPDB 碳同位素丰度比的 $\delta^{13}C$ 表示，氮

① Vaiglova P., Snoeck C., Nitsch E., et al., "Impact of Contamination and Pre-treatment on Stable Carbon and Nitrogen Isotopic Composition of Charred Plant Remains", *Rapid Communications in Mass Spectrometry*, Vol. 28, No. 23, 2014, pp. 2497 – 2510.

同位素的分析结果以相对氮气（N_2，气态）的 $\delta^{15}N$ 表示。测试使用的标准样品有 Sulfanilamide、IAEA-600、IEAE-N-1、IAEA-N-2、IAEA-CH-6、USGS-24、USGS 40、USGS 41 和一个实验室骨胶原标样（CAAS，$\delta^{13}C$：-14.7 ± 0.2‰、$\delta^{15}N$：6.9 ± 0.2‰），每 10 个样品插入 1 个标样。$\delta^{13}C$、$\delta^{15}N$ 值的测试误差均小于 ± 0.2‰。样品的碳、氮含量以及碳、氮稳定同位素比值见表 31。

第四节　结果与分析

测试得到的结果如表 31、图 25 所示。除 4#样品外，粟、黍 $\delta^{13}C$ 值分布在 -10.0‰到 -8.5‰之间，表现为典型的 C_4 植物，鉴于 4#样品异于其他粟、黍的 $\delta^{13}C$ 值（-15.3‰），推测样品中可能混杂了 C_3 类植物种子，导致了较负的 $\delta^{13}C$ 值，在接下来的分析中予以剔除。水稻 $\delta^{13}C$ 值分布在 -26.0‰到 -23.0‰之间，为典型 C_3 植物；三个大豆样品 $\delta^{13}C$ 值分布在 -25.6‰到 -22.1‰之间，同样为 C_3 植物。对 $\delta^{15}N$ 值而言，粟、黍样品 $\delta^{15}N$ 值分布范围较广，从 2.2‰到 10.0‰；水稻均表现出较高的 $\delta^{15}N$ 值，均在 6‰以上；作为固氮植物的大豆，$\delta^{15}N$ 值较低，在 2.0‰到 3.4‰之间，符合固氮植物低 $\delta^{15}N$ 值的特点。

将稳定同位素数据按照不同遗址来介绍，程窑遗址粟的 $\delta^{13}C$、$\delta^{15}N$ 值分别为 -8.8 ± 0.4‰、6.6 ± 0.4‰（n = 2）；黍的 $\delta^{13}C$、$\delta^{15}N$ 值分别为 -9.6 ± 0.1‰、6.9 ± 0.9‰（n = 3），表现出较高的 $\delta^{15}N$ 值。瓦店遗址粟的 $\delta^{13}C$、$\delta^{15}N$ 值分别为 -9.3 ± 0.5‰、7.3 ± 2.9‰（n = 3）；黍的 $\delta^{13}C$、$\delta^{15}N$ 值分别为 -9.6 ± 0.1‰、7.0 ± 4.4‰（n = 2）；水稻的 $\delta^{13}C$、$\delta^{15}N$ 值分别为 -24.7 ± 1.0‰、

7.7 ±0.8‰（n =7），粟、黍表现出最高的 $\delta^{15}N$ 值。王城岗遗址粟的 $\delta^{13}C$、$\delta^{15}N$ 值分别为 −8.8 ±0.2‰、4.9 ±0.6‰（n =7）；黍的 $\delta^{13}C$、$\delta^{15}N$ 值分别为 −9.6 ±0.0‰、5.5 ±0.4‰（n =2）；大豆的 $\delta^{13}C$、$\delta^{15}N$ 值分别为 −24.2 ±1.8‰、2.7 ±0.7‰（n =3）。新砦遗址粟的 $\delta^{13}C$、$\delta^{15}N$ 值分别为 −8.7 ±0.1‰、4.5 ±0.5‰（n =5）；黍的 $\delta^{13}C$、$\delta^{15}N$ 值分别为 −9.5 ±0.3‰、4.3 ±1.2‰（n =10）；水稻的 $\delta^{13}C$、$\delta^{15}N$ 值分别为 −24.7 ±0.5‰、8.0 ±1.4‰（n =10），粟、黍表现出较低的 $\delta^{15}N$ 值。

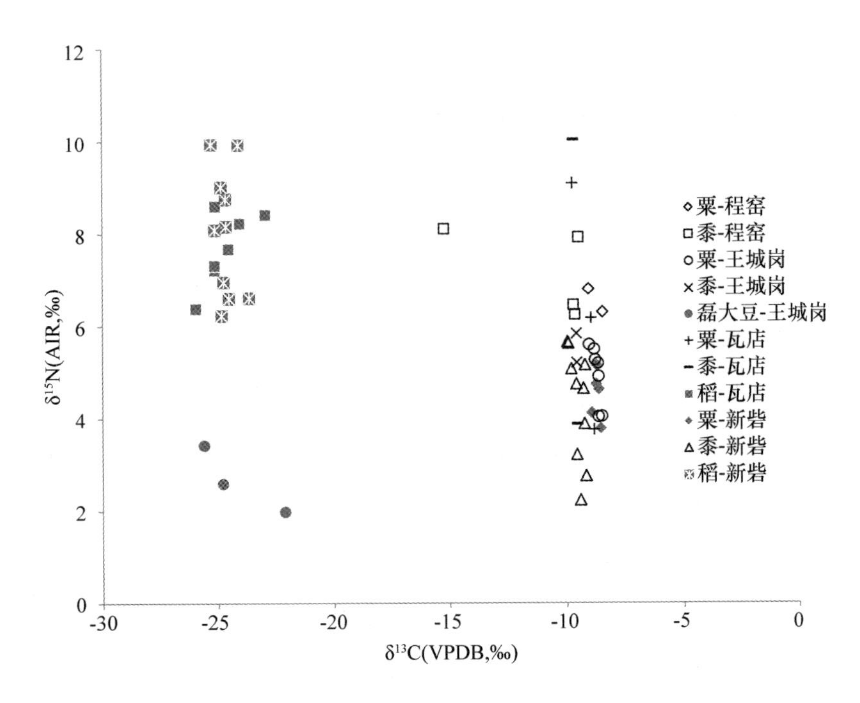

图 25 嵩山南麓各处遗址炭化植物种子 $\delta^{13}C$、$\delta^{15}N$ 值散点图

一 $\delta^{13}C$ 与粟、黍生长期的水分利用

$\delta^{13}C$ 值反映了作物生长过程中的水分输入，可以用来指示作

物生长的环境条件，或者可能受到的人工管理（特别是灌溉）。① 粟和黍都是典型的雨养作物，无须人工灌溉也能生长，这样的栽培传统在今天粟和黍的主要种植区——黄河中游地区仍然很常见。由于不需要额外的水分补充，粟和黍的水分输入与它们生长的自然环境（尤其是降雨和土壤水分）直接相关，水分输入的水平可以通过作物的 $\delta^{13}C$ 值来指示。

虽然水分输入与 C_4 植物 $\delta^{13}C$ 值之间的关系仍有待探索，但研究人员普遍认为这种关系是存在的，如果粟和黍的 $\delta^{13}C$ 值表现出明显的不同，就有可能代表两者吸收了不同的水分。② 因此，在这里将嵩山南麓粟、黍的数据与已发表的来自其他地区的粟、黍数据（考古植物遗存和现代植物样品）③ 进行了比较，以期了

① Araus J. L., Febrero A., Catala M., et al., "Crop Water Availability in Early Agriculture: Evidence from Carbon Isotope Discrimination of Seeds from a Tenth Millennium BP Site on the Euphrates", *Global Change Biology*, Vol. 5, No. 2, 1999, pp. 201 – 212; Condon A. G., Richards R. A., Farquhar G. D., "Carbon Isotope Discrimination is Positively Correlated with Grain Yield and Dry Matter Production in Field-grown Wheat", *Crop Science*, Vol. 42, 1987, pp. 122 – 131; Farquhar G. D., Richards P. A., "Isotopic Composition of Plant Carbon Correlates with Water-use Efficiency of Wheat Genotypes", *Functional Plant Biology*, Vol. 11, No. 6, 1984, pp. 539 – 552; Warren C., McGrath J., Adams M., "Water Availability and Carbon Isotope Discrimination in Conifers", *Oecologia*, Vol. 127, No. 4, 2001, pp. 476 – 486.

② Lightfoot E., Ustunkaya M. C., Przelomska N., et al., "Carbon and Nitrogen Isotopic Variability in Foxtail Millet (Setariaitalica) with Watering Regime", *Rapid Communications in Mass Spectrometry*, Vol. 34, No. 6, 2020, p. e8615; Sanborn L. H., Reid R. E. B., Bradley A. S., et al., "The Effect of Water Availability on the Carbon and Nitrogen Isotope Composition of a C_4 Plant (Pearl Millet, *Pennisetum Glaucum*)", *Journal of Archaeological Science: Reports*, Vol. 38, 2021, p. 103047; An C., Dong W., Chen Y., et al., "Stable Isotopic Investigations of Modern and Charred Foxtail Millet and the Implications for Environmental Archaeological Reconstruction in the Western Chinese Loess Plateau", *Quaternary Research*, Vol. 84, No. 1, 2015, pp. 144 – 149; 杨青、李小强：《黄土高原地区粟、黍碳同位素特征及其影响因素研究》，《中国科学·地球科学》2015 年第 11 期。

③ 陕西地区数据来自本书第五章；甘青地区数据来自 An C., DongW., Chen Y., et al., "Stable Isotopic Investigations of Modern and Charred Foxtail Millet and the Implications for Environmental Archaeological Reconstruction in the Western Chinese Loess Plateau", *Quaternary Research*, Vol. 84, No. 1, 2015, pp. 144 – 149; 现代数据来自杨青、李小强：《黄土高原地区粟、黍碳同位素特征及其影响因素研究》，《中国科学·地球科学》2015 年第 11 期。

解嵩山南麓粟、黍作物的水分输入情况。结果如图 27 和附表 2 所示。

通过观察图 27 中的数据可以很清楚地有以下几点发现。首先，现代粟、黍和考古粟、黍遗存的 $\delta^{13}C$ 值之间存在约 2‰的差异，这可以用休斯效应来解释，工业革命后大量化石燃料的燃烧将大量 ^{12}C 释放到大气中。① 其次，就同一地区和同一时期的粟和黍而言，粟的 $\delta^{13}C$ 值普遍高于黍，这一现象在先前的研究中就有所发现，这主要是由于粟和黍两个物种不同的生物学特征引起的。② 就现代样品而言，同一地区采集的现代粟和现代黍样品在 $\delta^{13}C$ 值上高度集中，表明它们在生长和发育过程中所吸收的水分情况非常相似，这也与粟、黍作为雨养作物，无须灌溉的认识一致，同一地区相同的降水条件使得种植的粟和黍表现出相似的水分输入。最后，来自甘青地区和陕西地区的粟、黍遗存之间的 $\delta^{13}C$ 值与现代样品一样也有很大重叠，这表明新石器时代甘青和陕西两个地区的粟、黍应当在相似的环境（特别是水分输入）中生长。或者说，这两个地区的新石器时代先民以相似的方式进行粟、黍的种植，比如，在相似的季节和土壤条件下种植，并以相似的方式进行农田管理。然而，来自嵩山南麓的粟和黍在 $\delta^{13}C$ 值上表现出明显的差异：除了一份样品外，所有粟的 $\delta^{13}C$ 值均高于黍，两者的 $\delta^{13}C$ 值数据基本不存在任何重叠，这与现代粟、黍以及其他地区（甘青和陕西）的情况有着明显的区别。从数据来看，粟和黍的

---

① Marino B. D., McElroy M. B., "Isotopic Composition of Atmospheric CO_2 Inferred from Carbon in C4 Plant Cellulose", *Nature*, Vol. 349, No. 6305, 1991, pp. 127 – 131.

② An C., DongW., Chen Y., et al., "Stable Isotopic Investigations of Modern and Charred Foxtail Millet and the Implications for Environmental Archaeological Reconstruction in the Western Chinese Loess Plateau", *Quaternary Research*, Vol. 84, No. 1, 2015, pp. 144 – 149.

$\delta^{13}C$ 平均值分别为 -8.8 ± 0.2‰（n = 16）、-9.6 ± 0.2‰（n = 16），差值 0.8‰，两者具有显著性差异（ANOVA，$p = 0.004$）。这似乎反映出嵩山南麓的粟和黍存在不同的种植方式。

$\delta^{13}C$ 值的差异意味着粟和黍是分开种植而不是伴随种植的。考虑到粟和黍非常相似的生长习性，“分开”并不是指选择不同季节种植粟和黍，而是更倾向于认为嵩山南麓新石器时代的先民将粟和黍种植在土壤条件不同（如水量或湿度不同）的土地上，粟和黍对水分的吸收不同，导致它们的种子表现出不同的 $\delta^{13}C$ 值。

现代种植实验结果显示，粟的 $\delta^{13}C$ 值与水分输入呈现出正相关关系，[①] 与 C_3 植物的负相关关系完全相反，这一结论仍需要进一步论证，这里暂时对其采纳，并用于相关讨论。鉴于这种正相关关系，嵩山南麓粟的 $\delta^{13}C$ 值普遍高于黍，表明粟在生长过程中比黍吸收了更多的水分。嵩山南麓四处遗址沿颍河、双洎河分布，地形主要以山前丘陵和冲积平原为主，[②] 考虑到遗址及其周边的地形，新石器时代的先民可能选择在靠近河流的土地种植粟，而在远离河流的地方种植黍。

粟和黍的用途不同可能是种植地不同的原因之一。从嵩山南麓四处遗址的浮选结果来看，龙山晚期粟的绝对数量和出土概率都超过了黍，表明粟是最为主要的粮食作物，作为当地先民的主食。

---

① Lightfoot E., Ustunkaya M. C., Przelomska N., et al., “Carbon and Nitrogen Isotopic Variability in Foxtail Millet (Setariaitalica) with Watering Regime”, *Rapid Communications in Mass Spectrometry*, Vol. 34, No. 6, 2020, p. e8615; Sanborn L. H., Reid R. E. B., Bradley A. S., et al., “The Effect of Water Availability on the Carbon and Nitrogen Isotope Composition of a C_4 Plant (Pearl Millet, *Pennisetum Glaucum*)”, *Journal of Archaeological Science: Reports*, Vol. 38, 2021, p. 103047.

② 河南省地质矿产局编：《河南省区域地质志》，地质出版社 1985 年版。

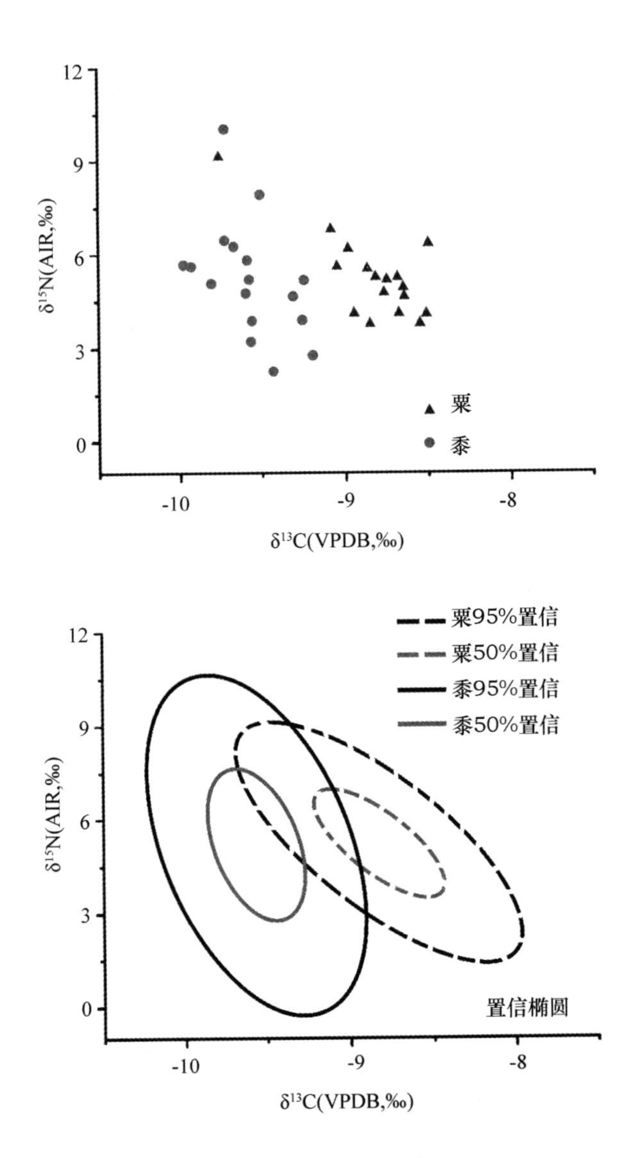

图 26　嵩山南麓各遗址粟、黍 $\delta^{13}C$ 值分布情况

为了确保产量和种植面积，粟很可能会在靠近河流的冲积平原地区进行种植，这些土地平坦而肥沃，便于大面积播种和管理。对于黍来说，除了作为粮食作物外，可能还有其他用途。对陶器残留的淀粉粒的相关研究表明，黍可以用于酿造谷芽酒。[①] 很可能将黍种植在一些山麓地带小而破碎的土地上。

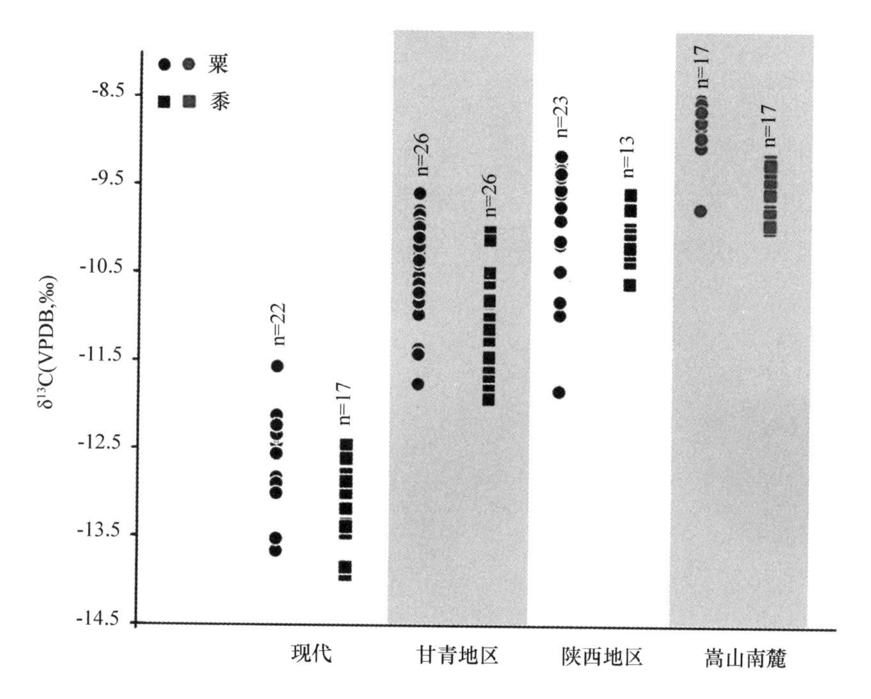

图 27　甘青、陕西、河南龙山时期不同地区粟、黍遗存及现代粟、黍 $\delta^{13}C$ 值比较

二　氮稳定同位素与施肥

$\delta^{15}N$ 值在营养级之间存在 4‰的富集效应，随营养级升高而

---

① Liu L., Wang J., Levin M. J., et al., "The Origins of Specialized Pottery and Diverse Alcohol Fermentation Techniques in Early Neolithic China", *Proceedings of the National Academy of Sciences*, Vol. 116, No. 26, 2019, pp. 12767 - 12774; Liu L., Li Y., Hou J., "Making Beer with Malted Cereals and Qu Starter in the Neolithic Yangshao Culture, China", *Journal of Archaeological Science: Reports*, Vol. 29, 2020, p. 102134；刘莉、王佳静、陈星灿等：《仰韶文化大房子与宴饮传统：河南偃师灰嘴遗址 F1 地面和陶器残留物分析》，《中原文物》2018 年第 1 期；刘莉、王佳静、邸楠：《从平底瓶到尖底瓶——黄河中游新石器时期酿酒器的演化和酿酒方法的传承》，《中原文物》2020 年第 3 期。

升高。通过食草动物 $\delta^{15}N$ 值减去 4‰就可以得到食草动物所摄入的植物的 $\delta^{15}N$ 值。在这里引用瓦店遗址和新砦遗址出土鹿科动物 $\delta^{15}N$ 值（4.8 ± 1.1‰，n = 12）① 减去 4‰来推算自然环境中植物的 $\delta^{15}N$ 值（约 1‰）。一般认为，自然植被是没有经过施肥的，因此将 1‰作为嵩山南麓地区自然环境中未施肥状态的植物的 $\delta^{15}N$ 值。② 各遗址粟、黍 $\delta^{15}N$ 值散布在一起，并没有表现出显著性差异（ANOVA，$p = 0.827$），表明粟、黍的土壤肥力条件较为接近，因此，在接下来的讨论中并没有将两者进行区分，而是一起进行讨论。瓦店、程窑、王城岗、新砦遗址粟、黍 $\delta^{15}N$ 值分别为 6.6 ± 2.9‰、6.7 ± 0.7‰、5.1 ± 0.6‰、4.4 ± 1.0‰，均明显大于自然植被 $\delta^{15}N$ 值，同样也比现代实验中未施肥状态现代粟的 $\delta^{15}N$ 值（3.6‰）高（见第四章）。因此，较高的 $\delta^{15}N$ 值显示出嵩山南麓地区龙山晚期粟、黍存在一定的施肥现象。

粟和黍的 $\delta^{15}N$ 值范围分别为 5.3‰和 7.8‰（SD = 1.3‰和 1.2‰）。现代实验表明，同一片田地单次收获的谷物之间 $\delta^{15}N$ 值的差异约为 2‰。③ 嵩山南麓所收集的粟、黍样品更为广泛的 $\delta^{15}N$ 值范围和标准偏差表明，粟和黍应当有着不同的生长条件，

---

① Chen X. L., Fang Y. M., Hu Y. W., et al., "Isotopic Reconstruction of the Late Longshan Period (ca. 4200 – 3900 BP) Dietary Complexity Before the Onset of State-Level Societies at the Wadian Site in the Ying River Valley, Central Plains, China", *International Journal of Osteoarchaeology*, Vol. 26, No. 5, 2016, pp. 808 – 817; Dai L., Balasse M., Yuan J., et al., "Cattle and Sheep Raising and Millet Growing in the Longshan Age in Central China: Stable Isotope Investigation at the Xinzhai Site", *Quaternary International*, Vol. 426, 2016, pp. 145 – 157.

② Bogaard A., Fraser R., Heaton T. H. E., et al., "Crop Manuring and Intensive Land Management by Europe's First Farmers", *Proceedings of the National Academy of Sciences*, Vol. 110, No. 31, 2013, pp. 12589 – 12594.

③ Bogaard A., Heaton T. H. E., Poulton P., et al., "The Impact of Manuring on Nitrogen Isotope Ratios in Cereals: Archaeological Implications for Reconstruction of Diet and Crop Management Practices", *Journal of Archaeological Science*, Vol. 34, No. 3, 2007, pp. 335 – 343.

据此对这些粟和黍的来源进行一定的推测，认为它们可能来自不同的土地或者在不同的年份进行收获，不同的土地含氮物组成多种多样，通过施肥输入的氮源也有所不同；同一片土地随着耕种年份的不同，氮源的消耗以及补充使得土壤肥力可能都会有所不同。

套用 Bogaard 等人的施肥模型来看（图 28），70.6% 的粟、黍 $\delta^{15}N$ 值落在 3‰—6‰（中度施肥）的范围内，主要来自程窑和瓦店遗址；23.5% 的粟、黍 $\delta^{15}N$ 值落在 >6‰（高度施肥）的范围内，主要为王城岗和新砦遗址的粟、黍；只有 5.9% 的粟、黍 $\delta^{15}N$ 值落在小于 3‰（低度施肥）的范围内，两个数据全部来自新砦遗址。由此可见，嵩山南麓地区粟、黍存在不同程度的施肥现象，其中以中度施肥为主，高度施肥的粟、黍可能受到了更多的人为管理。

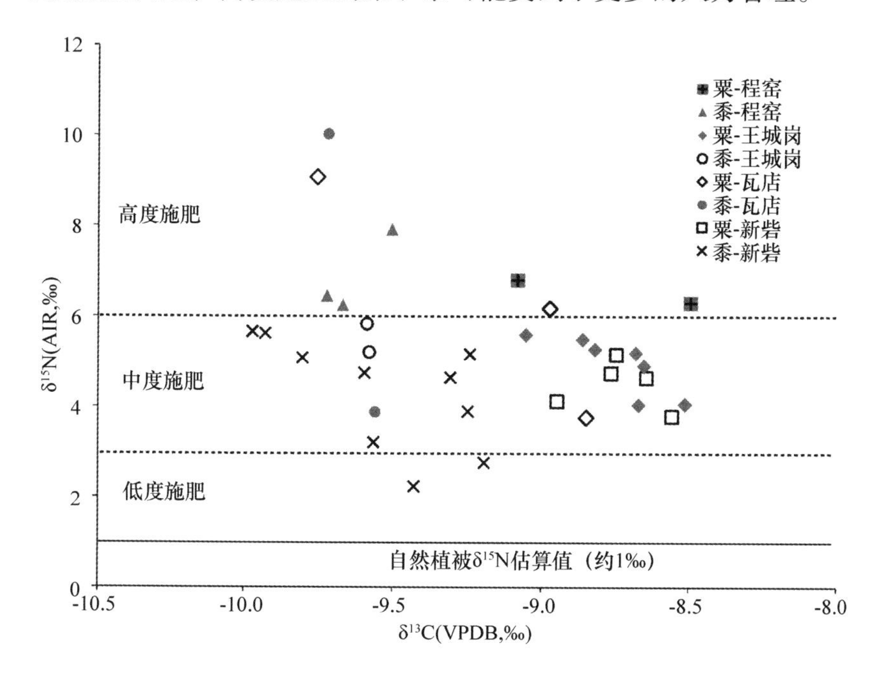

图 28　施肥模型下嵩山南麓地区粟、黍 $\delta^{15}N$ 值分布

由于自身固氮作用，豆科植物固定的氮来自大气 N_2，并且自身固氮过程中的分馏作用可以忽略不计，因此，豆科植物往往具有很低的 $\delta^{15}N$ 值（约为0%）。一般认为，豆科植物的 $\delta^{15}N$ 值与所生长的土壤环境无关，也不会受到施肥等作用的影响。[①] 然而，相关的施肥实验表明，如果土壤本身氮源充足且容易获取，或者通过施肥补充了丰富的氮肥，豆科植物可能会通过吸收土壤中的氮来获得部分氮，从而导致自身 $\delta^{15}N$ 值升高。[②] 王城岗遗址中大豆的 $\delta^{15}N$ 平均值为2.7 ±0.7%（n = 3），高于大气 N_2 的 $\delta^{15}N$ 值（0%），升高的 $\delta^{15}N$ 值可能是通过肥料引入的。尽管样本量很小，但考虑到嵩山南麓这一时期施肥行为的存在，推断这些大豆升高的 $\delta^{15}N$ 值应当是从添加了动物源性肥料的土壤中吸收了氮。

水稻样品主要来自瓦店和新砦两个遗址（表30），$\delta^{15}N$ 值分别为7.7 ±0.8‰（n = 7）、8.0 ± 1.4‰（n = 10）。水稻相对其他作物表现出最高的 $\delta^{15}N$ 值，似乎代表这些水稻经过了很高程度的施肥管理。然而，考虑到水稻生长环境为水田，不同于其他作物所生长的旱地，由于更活跃的生物作用和氮转化过程，水田的肥力往往高于旱地，从而使生长在水田中的水稻拥有更高的 $\delta^{15}N$ 值。由于缺乏可做对比的古代数据，因此搜集了水稻的现代

① Fraser R. A., Bogaard A., Heaton T. H. E., et al., "Manuring and Stable Nitrogen Isotope Ratios in Cereals and Pulses: Towards a New Archaeobotanical Approach to the Inference of Land Use and Dietary Practices", *Journal of Archaeological Science*, Vol. 38, No. 10, 2011, pp. 2790 – 2804; Bogaard A., Fraser R., Heaton T. H. E., et al., "Crop Manuring and Intensive Land Management by Europe's First Farmers", *Proceedings of the National Academy of Sciences*, Vol. 110, No. 31, 2013, pp. 12589 – 12594.

② Szpak P., Longstaffe F. J., Millaire J. F., et al., "Large Variation in Nitrogen Isotopic Composition of a Fertilized Legume", *Journal of Archaeological Science*, Vol. 45, 2014, pp. 72 – 79.

数据进行比较[①]（表30），大多数地区水稻 $\delta^{15}N$ 值都在3‰左右，只有来自澳大利亚的水稻样品显示出较高的 $\delta^{15}N$ 值（9.0‰），这是由于采样地区的水稻田在休耕期放养牛羊啃食杂草，同时牛羊产生的粪便留在田里充当了肥料，因此生长在这里的水稻表现出较高的 $\delta^{15}N$ 值。单纯生长在水田中的水稻 $\delta^{15}N$ 值大约在3‰左右，瓦店和新砦两处遗址的水稻与澳大利亚接受粪肥的水稻 $\delta^{15}N$ 值更为接近，因此，推测瓦店、新砦两处遗址的水稻同样经过一定的施肥作用。

表30　**考古遗址水稻 $\delta^{15}N$ 与现代水稻 $\delta^{15}N$ 比较**

地区	$\delta^{15}N$（‰）
黑龙江（n=6）	3.1±0.5
山东（n=6）	3.4±0.3
江苏（n=6）	3.2±0.3
日本（n=12）	3.5±1.9
美国	3.2
澳大利亚	9.0
瓦店（n=7）	7.7±0.8
新砦（n=10）	8.0±1.4

三　植物稳定同位素与食谱精细化

在以往的食谱研究中，由于缺少来自植物性食物直接的同位素

① Suzuki Y., Chikaraishi Y., Ogawa N. O., et al., "Geographical Origin of Polished Rice Based on Multiple Element and Stable Isotope Analyses", *Food Chemistry*, Vol. 109, No. 2, 2008, pp. 470–475; Wu Y., Luo D., Dong H., et al., "Geographical Origin of Cereal Grains Based on Element Analyser-stable Isotope Ratio Mass Spectrometry (EA-SIRMS)", *Food Chemistry*, Vol. 174, 2015, pp. 553–557.

数据，对人和动物的食谱的解释存在一定的推测性。例如，以往认为植物有着较低的 $\delta^{15}N$ 值，一般将高 $\delta^{15}N$ 值解释为摄入了更多动物性食物，然而通过研究发现，经过施肥的作物同样有着较高的 $\delta^{15}N$ 值，食用了经过施肥的作物同样会带来消费者 $\delta^{15}N$ 值的升高，而非更多的肉食摄入。因此，植物稳定同位素研究可以用于食谱的校正。① 本小节和接下来的小节（稳定同位素揭示社会分化），将利用作物稳定同位素数据对新砦、瓦店两处遗址同位素数据进行解释，以期得到更多的信息。

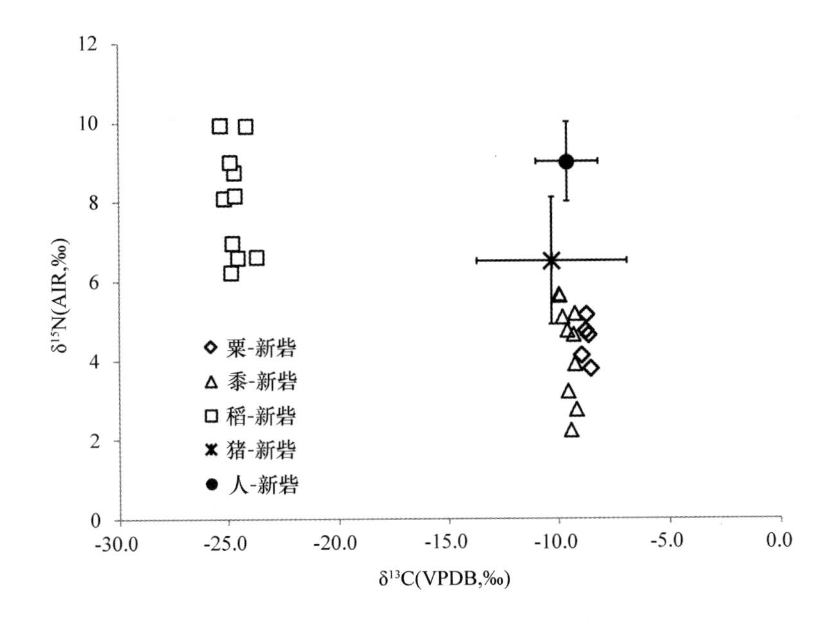

图 29　新砦遗址人、动物、植物稳定同位素数据分布②

① Lightfoot E., Stevens R. E., "Stable Isotope Investigations of Charred Barley (*Hordeum Vulgare*) and Wheat (*Triticum Spelta*) Grains from Danebury Hillfort: Implications for Palaeodietary Reconstructions", *Journal of Archaeological Science*, Vol. 39, No. 3, 2012, pp. 656 - 662.

② 人、猪数据来自吴小红、肖怀德、魏彩云等:《河南新砦遗址人、猪食物结构与农业形态和家猪驯养的稳定同位素证据》,《科技考古（第 2 辑）》，中国社会科学院考古研究所考古科技中心主编，科学出版社 2007 年版，第 49—58 页。

如图 29 所示，从 $\delta^{13}C$ 值来看，新砦遗址人和家猪的 $\delta^{13}C$ 值更偏向粟、黍作物，说明新砦遗址虽然有大量水稻的发现，人的植物性食物来源还是以粟、黍为主。此外，人和植物性食物（粟、黍）的 $\delta^{15}N$ 值相差 4.6‰，与 $\delta^{15}N$ 值在营养级之间的富集值（约 4‰）接近，而与猪的 $\delta^{15}N$ 值的差值明显小于营养级富集值，这表明人可能更多地食用了这些经过施肥的粟、黍，而非肉类。在以往缺乏植物数据的情况下，肉食在人类食谱中的贡献显然被高估了。家猪的 $\delta^{15}N$ 值与粟、黍种子 $\delta^{15}N$ 值相差仅为 2.2‰，说明家猪可能食用了 $\delta^{15}N$ 值更低的粟、黍副产品或杂草等。

四 稳定同位素揭示社会分化

社会分化，阶层、甚至王权的出现标志着社会结构的复杂化，在以往的研究中，主要通过建筑、墓葬等级、出土遗物等进行判断，此外，还可以通过同位素证据揭示的食谱差异反映不同阶层。那么，来自作物的同位素证据是否可以揭示社会分化呢？

社会发展、人口增长需要农业发展提供强有力支撑，农业的发展主要通过两种方式提高粮食产量：农业扩张和农业强化。前者通过扩大种植面积来提高产量，后者则是通过提高农田管理来提高单位面积产量。提高农田管理的方式主要有施肥、除草、灌溉等，这些都需要一定的人力与物力投入。施肥必然引起 $\delta^{15}N$ 值的升高，因此可以借此判断农业强化程度，进而推断社会发展程度。①

① Styring A. K., Charles M., Fantone F., et al., "Isotope Evidence for Agricultural Extensification Reveals How the World's First Cities Were Fed", *Nature Plants*, Vol. 3, 2017, pp. 17076.

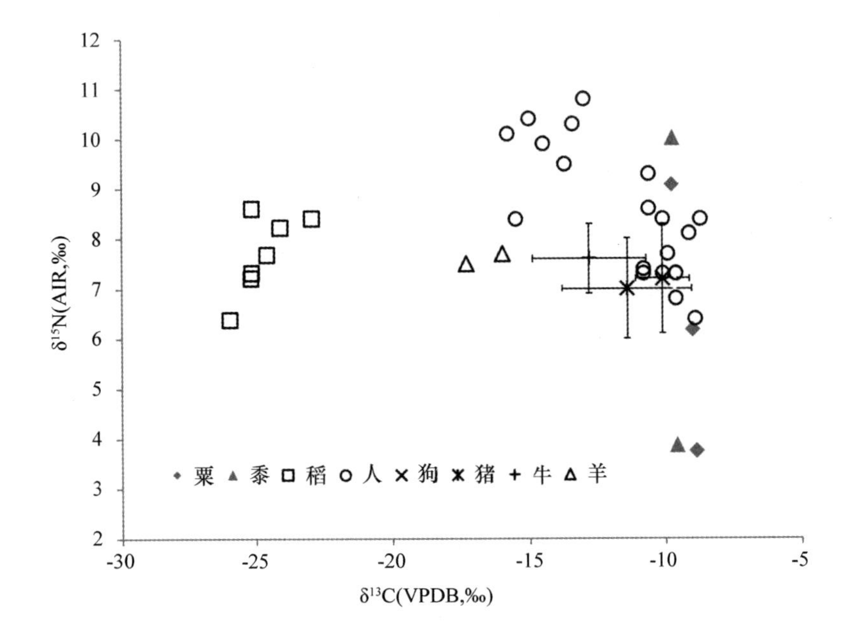

图 30　瓦店遗址人、动物、植物稳定同位素数据分布①

从瓦店遗址的同位素数据来看（图 30），瓦店人群明显分为低 $\delta^{13}C$、高 $\delta^{15}N$ 组和高 $\delta^{13}C$、低 $\delta^{15}N$ 组两组食物结构不同的人群，而粟、黍也可以分为高 $\delta^{15}N$、低 $\delta^{15}N$ 两部分。$\delta^{15}N$ 值较低的粟、黍与其他遗址接近，显示出与其他遗址相似的施肥管理。而较高的两个数据接近 10‰，与其他粟、黍有着明显的差别，显示出农作物之间存在着不同的管理程度：水稻可能因为口感更好，与一

---

① 人、动物数据来自 Chen X. L., Fang Y. M., Hu Y. W., et al., "Isotopic Reconstruction of the Late Longshan Period (ca. 4200 – 3900 BP) Dietary Complexity Before the Onset of State-Level Societies at the Wadian Site in the Ying River Valley, Central Plains, China", *International Journal of Osteoarchaeology*, Vol. 26, No. 5, 2016, pp. 808 – 817; Li W., Zhou L., Lin Y. H., et al., "Interdisciplinary Study on Dietary Complexity in Central China During the Longshan Period (4.5 – 3.8 kaBP): New Isotopic Evidence from Wadian and Haojiatai, Henan Province", *The Holocene*, Vol. 31, No. 2, 2021, pp. 258 – 270.

部分粟、黍接受了更好的对待，受到更高程度的施肥管理；而另一部分低 $\delta^{15}N$ 的粟、黍受到了较低的施肥管理。低 $\delta^{13}C$、高 $\delta^{15}N$ 的人群可能更多地食用了水稻和高 $\delta^{15}N$ 粟、黍；高 $\delta^{13}C$、低 $\delta^{15}N$ 人群的植物性食物更多的来自低 $\delta^{15}N$ 的粟、黍。

鉴于瓦店遗址高规格建筑和高等级器物的发现为该遗址复杂的社会形态提供了有力证据，不同管理条件下的农作物可能分配给不同的人群食用，这些不同的人群很可能来自不同的社会阶层。具有较高社会或经济地位的人群占有更好的土地资源，并掌握劳动力、畜力等资源的分配，所食用的食物会经过更精细的管理。

由于增加了植物稳定同位素数据，人群 $\delta^{15}N$ 的高低并非单纯来自动物蛋白摄入比重的不同，高 $\delta^{15}N$ 值的植物蛋白也会带来人 $\delta^{15}N$ 值的升高。而以往认为高 $\delta^{15}N$ 值的人群食用了更多的动物性食物，[①] 低估了农作物在人类食物中的比重，因此，农作物在当时的社会经济中可能有着更为重要的地位。今后的研究有必要对新石器时代，尤其是施肥出现后，种植业的重要性进行重新评估。此外，从数据来看，水稻与猪、狗、牛、羊等家畜的 $\delta^{15}N$ 值非常接近，因此，水稻秸秆等副产品可能很少用于家畜的饲养。

五　土地利用的多样化

水稻种植需要更多的水和热量。中原地区最重要的土地资源是冲积平原，土质肥沃，土层较深，地势平坦。冲积平原地势较低并且靠近河流，适宜水稻的种植，而地势较高的土地由于远离水

① Chen X. L., Fang Y. M., Hu Y. W., et al., "Isotopic Reconstruction of the Late Longshan Period (ca. 4200 – 3900 BP) Dietary Complexity Before the Onset of State-Level Societies at the Wadian Site in the Ying River Valley, Central Plains, China", *International Journal of Osteoarchaeology*, Vol. 26, No. 5, 2016, pp. 808 – 817.

源，可能不适合水稻的种植，更适合发展粟、黍、大豆等旱作农业。利用不同的土地资源种植不同的作物是最大化土地利用和提高土地承载能力的一种方式。

粟和黍很可能种植在不同的土地上。与水稻相比，粟和黍不需要太多的水分补充，种植在地势太低或太靠近河流的地区，反而会遭受洪涝灾害而减产。结合嵩山南麓当地地形特点，粟可能在离河流稍远的冲积平原种植，既能保证较大的平坦地块用于大面积种植，又可以避免水患。而黍可能在山麓丘陵地带小范围种植，满足对酿酒原料的需求。

进入龙山时期，大豆遗存在河南、山东、陕西等地遗址大量发现，并且尺寸明显大于野大豆，可能是人类有意收割或种植。① 大豆除了可以为人类提供蛋白质外，还可以起到改良土壤的作用，增加土壤中可利用氮的含量。大豆与其他作物轮作或间作，可以有效地补充土地肥力，禾本科/豆科间作被广泛认为是一种非常成功的可持续的农业组合，通过豆科植物的共生固氮作用来改善土壤，提高作物产量。② 嵩山南麓大豆的 $\delta^{15}N$ 值偏高（2.7±0.7‰，n=3），似乎受到了施肥的影响，然而，大豆作为豆科植物，自身固定的氮就可以满足自身生长需求，无须额外的氮源补充。③ 因

① 赵志军：《两城镇与教场铺龙山时代农业生产特点的对比分析》，《东方考古（第1集）》，科学出版社2004年版，第210—224页。

② 肖焱波、李隆、张福锁：《豆科/禾本科间作系统中氮营养研究进展》，《中国农业科技导报》2003年第6期；王新宇、高英志：《禾本科/豆科间作促进豆科共生固氮机理研究进展》，《科学通报》2020年Z1期；杨文亭、王晓维、王建武：《豆科—禾本科间作系统中作物和土壤氮素相关研究进展》，《生态学杂志》2013年第9期。

③ Fraser R. A., Bogaard A., Heaton T. H. E., et al., "Manuring and Stable Nitrogen Isotope Ratios in Cereals and Pulses: Towards a New Archaeobotanical Approach to the Inference of Land Use and Dietary Practices", *Journal of Archaeological Science*, Vol. 38, No. 10, 2011, pp. 2790–2804.

此，大豆的种植一般不需要进行额外的施肥。根据以上线索推测，嵩山南麓新石器晚期的先民很可能已经认识到豆科植物改善土壤的效果，将大豆与其他作物进行轮作或者间作。当地适合与大豆轮作或者间作的作物应当是粟和黍，大豆升高的 $\delta^{15}N$ 值可能是来自于对粟和黍所施加的肥料。由于种植在同一片农田，对其他作物进行施肥也可能影响到一起轮作或间作的大豆。

与甘青和陕西等地区相比，嵩山南麓先民根据当地地形和水文特征发展了适合多种作物种植的土地利用模式。从稳定同位素数据来看，甘青和陕西地区的粟、黍表现出重叠的 $\delta^{13}C$ 值，可能种植在较为相似的土地中。地区间表现出的不同的种植方式，受地形影响的可能性很大。甘青和陕西地区地势较高，多为高原，不同土地类型在肥力和水分上的差异，不如嵩山南麓所在的中原地区大，这可能是甘青和陕西地区粟、黍在种植地的选择上没有表现出差异的原因。相比之下，嵩山南麓地势较低，地形多样，不同土壤类型在水分和肥力上存在区别，加上当地种植的农作物类型多样，为当地先民提供了根据需求和作物习性进行土地多样化利用的机会。

综合植物稳定同位素、植物考古、地形地貌等方面的信息，可以建立起嵩山南麓龙山晚期（公元前 2200—前 1900 年）先民土地利用的模型（图 31）。嵩山南麓龙山晚期先民不仅种植了多种农作物（粟、黍、水稻和大豆），而且还对农作物进行了不同的土地分配和管理：在距离河流更近的冲积平原地带种植水稻；在距离河流稍远的冲积平原种植粟；在山麓地带种植黍；将大豆与粟和/或黍进行轮作或间作，并对农作物进行一定的施肥管理。

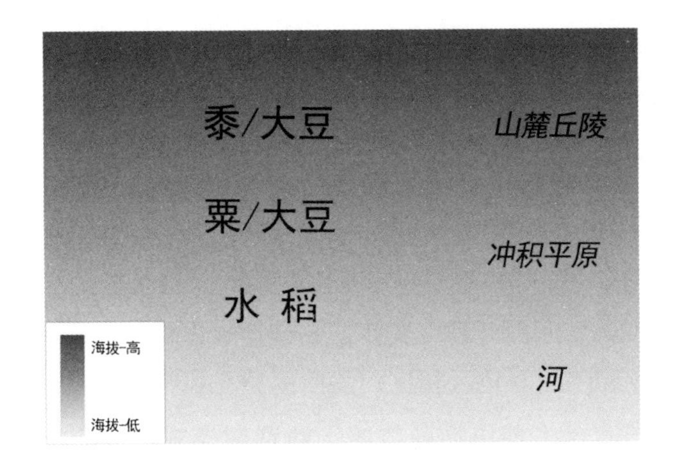

图 31　嵩山南麓土地利用模型

这种多样化的土地利用方式可以最大限度地利用土地资源，提高土地承载力，满足人口增长的需要。复杂的农业经济还能保障人们在恶劣的环境和气候条件下有更多的选择。多样化土地利用所涉及的对土地资源的规划，很难通过家庭单位来完成，除了土地规划，不同的农田管理（不同程度的施肥管理）还涉及对家畜（畜力、粪肥）以及人力的分配，经过不同管理的作物会分配给不同的人群。因此，龙山晚期多样化的土地利用模式应当反映了至少在社会层面对土地、劳动力、家畜、粮食等一系列资源的管理和配置，体现出深化的社会结构与分工，这些源于当时社会的复杂性。

这种通过多品种作物与多方式土地利用搭配实现的农业制度多样化，会增加作物产量从而促进人口增长。作物加工方面的证据还表明，多种作物在储存前进行了部分加工，以减少劳动力需求。[①] 食

① An J., Kirleis W., Zhao C., et al., "Understanding Crop Processing and Its Social Meaning in the Xinzhai Period (1850 – 1750 calbce): A Case Study on the Xinzhai Site, China", *Vegetation History and Archaeobotany*, 2021, pp. 1 – 17.

物的积累和人口的增加为社会的复杂性提供了强有力的支撑，促成了嵩山南麓所在的中原地区出现第一个国家级的有组织的社会。

第五节　小结

通过对嵩山南麓地区新石器时代晚期王城岗、程窑、瓦店、新砦四处遗址粟、黍、水稻、大豆等作物碳、氮稳定同位素进行分析，对当地农田管理技术、社会分化程度、先民食物结构等方面有了几点初步的认识，并尝试探讨了农业生产与早期文明诞生之间的关系。

1. 王城岗、程窑、瓦店、新砦四处遗址粟、黍明显不同的 $\delta^{13}C$ 值可能与两种作物分别种植在不同的土地有关。综合植物稳定同位素、植物考古、地形地貌等方面的信息，建立了嵩山南麓龙山晚期（公元前2200—前1900年）先民土地利用的模型：在距离河流更近的冲积平原地带种植水稻；在距离河流稍远的冲积平原种植粟；在山麓地带种植黍；将大豆与粟和/或黍进行轮作或间作，并对农作物进行一定的施肥管理。

2. 植物同位素为食谱研究提供了直接信息，新砦遗址的人和家猪分别食用了粟、黍的种子和其他副产品；瓦店遗址部分人群食用了更多的水稻，部分人群以粟、黍为主食。

3. 瓦店遗址农作物以及人的稳定同位素均表现出一定的差异，可能暗含了社会分化程度的加强：不同管理及种植条件下的农作物分配给来自社会不同阶层的人群。

表31 嵩山南麓各遗址粟、黍、水稻、大豆数据信息表

编号	种属	遗址	单位	数量	重量（mg）	$\delta^{13}C$	$\delta^{15}N$	（%）C	（%）N	Atomic C：N
1	粟	程窑	H263	20	3.29	-8.49	6.3	56.93	5.74	11.57
2	粟	程窑	H263	20	3.73	-9.08	6.8	55.42	6.74	9.59
3	黍	程窑	H263	4	2.20	-9.50	7.9	54.14	7.30	8.65
4	黍	程窑	H263	4	2.65	-15.25	8.1	58.25	7.11	9.56
5	黍	程窑	H263	4	2.08	-9.72	6.5	54.88	7.86	8.15
6	黍	程窑	H263	4	2.46	-9.67	6.2	54.79	6.77	9.44
7	粟	瓦店	H21	20	3.82	-8.97	6.2	58.09	4.19	16.17
8	粟	瓦店	H3	20	3.81	-8.85	3.8	61.01	3.26	21.86
9	黍	瓦店	H56	10	1.27	-9.56	3.9	62.05	3.62	20.01
10	粟	瓦店	H44	20	4.64	-9.76	9.1	57.41	5.65	11.86
11	黍	瓦店	H44	10	1.18	-9.72	10.0	58.27	5.73	11.85
12	稻	瓦店	H44	1	4.22	-25.16	7.2	60.32	5.71	12.33
13	稻	瓦店	H51	1	3.81	-25.13	8.6	61.89	2.74	26.31
14	稻	瓦店	H14	1	3.24	-24.07	8.2	63.73	2.99	24.90
15	稻	瓦店	H21	1	2.47	-22.94	8.4	57.96	3.85	17.58
16	稻	瓦店	H21	1	3.71	-25.14	7.3	59.17	3.59	19.22
17	稻	瓦店	H21	1	3.55	-25.96	6.4	59.12	2.47	27.90
18	稻	瓦店	H21	1	4.13	-24.56	7.7	61.48	3.08	23.31
19	粟	王城岗	H78	20	4.12	-8.86	5.5	57.04	3.27	20.34
20	粟	王城岗	H79	20	4.43	-9.05	5.6	57.02	3.39	19.61
21	粟	王城岗	H72	20	4.57	-8.65	4.9	54.37	3.43	18.49
22	粟	王城岗	H72C	20	4.51	-8.51	4.1	53.46	3.62	17.24
23	粟	王城岗	H72D	20	3.83	-8.67	4.0	56.29	3.72	17.65
24	粟	王城岗	H73③	20	3.63	-8.68	5.2	59.10	4.60	14.98
25	粟	王城岗	H74③	20	3.41	-8.82	5.3	60.19	3.89	18.05
26	黍	王城岗	H72	5	2.52	-9.59	5.8	58.48	3.83	17.84
27	黍	王城岗	H72①	5	2.11	-9.58	5.2	59.50	2.66	26.10

续表

编号	种属	遗址	单位	数量	重量(mg)	$\delta^{13}C$	$\delta^{15}N$	(%) C	(%) N	Atomic C : N
28	大豆	王城岗	H72C	1	3.16	-25.61	3.4	58.25	1.51	44.97
29	大豆	王城岗	H73①	1	4.18	-22.12	2.0	60.36	9.34	7.54
30	大豆	王城岗	H74③	1	3.96	-24.82	2.6	63.41	7.95	9.30
31	粟	新砦	H346	20	4.55	-8.75	5.1	60.52	3.29	21.44
32	黍	新砦	H346	5	2.43	-9.57	3.2	61.71	3.13	22.99
33	黍	新砦	H346	5	1.39	-9.43	2.2	62.75	2.88	25.46
34	粟	新砦	H255	20	1.20	-8.56	3.8	61.86	3.37	21.42
35	黍	新砦	H255	5	3.08	-9.25	3.9	61.46	3.17	22.62
36	黍	新砦	H255	5	1.65	-9.19	2.8	62.28	3.30	22.02
37	粟	新砦	H254	20	3.05	-8.76	4.7	60.49	3.36	20.99
38	黍	新砦	H254	5	3.19	-9.80	5.1	61.11	2.91	24.46
39	黍	新砦	H254	5	2.90	-9.60	4.7	60.88	3.23	22.02
40	粟	新砦	H279②	20	2.33	-8.64	4.6	59.38	3.43	20.21
41	黍	新砦	H279②	5	2.72	-9.97	5.7	59.25	3.59	19.24
42	黍	新砦	H279②	5	1.89	-9.93	5.6	60.70	3.74	18.93
43	粟	新砦	H317	20	4.55	-8.95	4.1	62.08	3.28	22.05
44	黍	新砦	H317	5	4.19	-9.31	4.6	62.10	2.98	24.34
45	黍	新砦	H317	5	3.80	-9.24	5.2	61.29	2.67	26.77
46	稻	新砦	H222	1	3.55	-24.12	9.9	61.90	3.77	19.14
47	稻	新砦	H222	1	2.43	-25.14	8.1	62.29	2.85	25.52
48	稻	新砦	H222	1	3.04	-24.52	6.6	56.60	4.15	15.92
49	稻	新砦	H222	1	2.80	-25.30	9.9	61.40	3.08	23.26
50	稻	新砦	H222	1	3.45	-24.68	8.7	56.98	4.23	15.73
51	稻	新砦	G7	1	2.85	-24.85	6.2	62.29	3.57	20.36
52	稻	新砦	G7	1	2.79	-24.88	9.0	61.37	3.50	20.44
53	稻	新砦	G7	1	3.93	-24.77	7.0	61.82	3.06	23.58
54	稻	新砦	G7	1	1.97	-23.64	6.6	61.17	3.78	18.89
55	稻	新砦	G7	1	3.79	-24.65	8.2	61.67	3.65	19.71

第七章　讨论

施肥是提高作物产量最直接、最有效的途径。连续耕作会带来农田肥力衰竭，严重影响作物产量，因此，地力衰竭是对定居农业最大的威胁。为了维持土壤肥力，获得更高的作物产量，施肥管理成为农业发展的关键技术。白水河流域、嵩山南麓地区在新石器晚期通过对农作物进行施肥管理，有效地提高了作物产量，为人口增长、文化扩张、文明起源提供了充足的物质储备，极大地推动了文明进程。

除了能够提高作物产量，施肥作为一种人工管理方式，还能体现出先民对劳动力分配和资源配置的认识。整个施肥过程包括肥料的收集、储存、加工（如沤制）、运输、最后施加到农田中。考虑到肥料自身的重量，从分散（肥料收集）到集中（肥料储存、加工）到再分散（肥料运输、施肥），整个施肥过程必定需要投入大量的劳动力。施肥量不足，无法为农田补充足够的肥力，农作物产量会受到影响；施肥量过多，超过农作物所需，不仅浪费肥料还耗费大量劳动力。因此，合理施肥需要掌握施肥量，并有效配置劳动力资源，才能使投入产出比最小化。成熟的施肥管理不仅需要对施肥量的把控，还需要将肥料均匀地施加到农田中，保证农作物都能获取到肥料。施肥是否均匀可以通过作物 $\delta^{15}N$ 结果反映：施肥均匀时农作物可获取的氮量较为接近，最终种子的 $\delta^{15}N$ 值更加集中；而如果作物种子的 $\delta^{15}N$ 值差异较大时，则说明这些种子获取的氮量不同，反映出对整个农田的施肥不够均匀。

家猪是新石器时代最为重要的家养动物之一，为人类提供主要的肉食来源，家猪与粟、黍一起，在新石器时代许多遗址中出土，并且数量占绝对优势。[①] 家猪主要食用粟、黍秸秆等副产品，产生的粪便又用于粟、黍的施肥，为作物高产提供保障。与牛、羊相比，家猪主要通过圈养舍饲，不需要花费人力放养，产生的粪便更为集中，便于收集，人们可以将更多的劳动力用于农作物的管理中。从这个角度看，家猪和粟、黍之间相互依存的关系应当是我国新石器时代一种重要的组合，作物种植与家畜饲养相互促进，共同繁荣，一起构成了人类生业模式的不可或缺的有机组成。

与中国采用"粟、黍＋猪"的农业组合不同的是，西方地区（地中海、西亚地区）农业组合以小麦、大麦和牛、羊为主，采用农牧并重、农牧结合的生业模式。不同的农业组合不仅耕作和饲养方式不同，施肥方式也有所区别：中国史前时期粪肥的主要来源是圈养的家猪，收集后分散到农田中；西方地区粪肥的主要来源是放牧的牛羊，在作物收获后，将牛羊放牧到农田中啃食作物收获后的残余，掉落的粪便作为肥料。西方地区农业结构中畜牧业一直占较大比重，畜牧业同时为人类提供肉、奶、毛皮等产品。而在史前的中国，家猪替代了牛羊提供粪肥和肉类资源，猪的饲料转化效率高于牛、羊，[②] 可以为人类提供更多的肉食资源，猪粪

① 袁靖：《中国新石器时代至青铜时代生业研究》，复旦大学出版社 2019 年版。

② 裴晓菲：《农牧过渡带典型地区畜牧业生产系统优化模式研究》，博士学位论文，中国科学院研究生院（自然资源综合考察委员会），1999 年。

的肥力也比牛、羊粪高，[①] 猪的这些优势得到中国先民的重视和依赖，发展出以圈栏舍养为特点的畜牧经济，有利于育肥和积肥，长久以来形成了中国以农耕为主、圈养家畜为辅的经济传统。

新石器时代末期，农作物中的小麦、水稻以及家畜中的牛、羊出现在黄河中游地区，农业多元化特征明显。[②] 牛、羊主要依靠放养，比家猪需要更多的劳动力投入；小麦、水稻的栽培也比粟、黍需要更多的管理，嵩山南麓地区水稻 $\delta^{15}N$ 值高于粟、黍，瓦店遗址粟、黍 $\delta^{15}N$ 值也分为高低不同的两组，反映出水稻和部分粟、黍受到更多的施肥管理。农作物不同的管理和分配方式带来劳动力、资源的重新分配，社会分工加强，对整个社会结构产生一定影响。

至迟从仰韶文化晚期开始，向农田中持续添加动物性肥料来提高农作物产量这一农田管理方式就在黄河中游地区出现。通过收集已发表的考古遗址粟、黍 $\delta^{15}N$ 值数据进行比较发现（图 32），白水河流域和嵩山南麓地区的粟、黍的 $\delta^{15}N$ 值虽然不及甘青地区马家窑文化时期（5000 cal. BP—4500 cal. BP）粟的 $\delta^{15}N$ 值（6.0 ± 1.6‰，n = 3）高，但是也处在相对较高的水平，说明黄河中游地区有着相对较高的施肥量。值得注意的是，从标准偏差来看，白

① 杨军学、罗世武、张尚沛等：《不同有机肥对谷子产量、品质等的影响》，《陕西农业科学》2016 年第 1 期；Eghball B.，Wienhold B. J.，Gilley J. E.，Eigenberg R. A.，"Mineralization of Manure Nutrients"，*Journal of Soil and Water Conservation*，Vol. 57，No. 6，2002，pp. 470 – 473.

② 赵志军、方燕明：《登封王城岗遗址浮选结果及分析》，《华夏考古》2007 年第 2 期；刘昶、方燕明：《河南禹州瓦店遗址出土植物遗存分析》，《南方文物》2010 年第 4 期；钟华：《中原地区仰韶中期到龙山时期植物考古学研究》，博士学位论文，中国社会科学院研究生院，2016 年；袁靖、黄蕴平、杨梦菲：《公元前 2500—1500 年中原地区动物考古学研究：以陶寺、王城岗、新砦和二里头遗址为例》，《科技考古（第 2 辑）》，科学出版社 2007 年版；吕鹏：《禹州瓦店遗址动物遗骸的鉴定和研究》，《中华文明探源工程文集：技术与经济卷（1）》，科学出版社 2009 年版。

水河流域粟、黍 $\delta^{15}N$ 值的标准偏差为 0.8‰、0.9‰；嵩山南麓地区粟、黍 $\delta^{15}N$ 值的标准偏差为 1.3‰、1.9‰，均低于 2‰，这表明黄河中游地区粟、黍样品的 $\delta^{15}N$ 值较为集中，粟、黍接受了较为统一的施肥管理。甘青地区的粟 $\delta^{15}N$ 值的标准偏差从早到晚分别为 5.1‰、0.8‰、2.9‰，除马家窑文化时期外，其他两个时期样品标准偏差均高于 2‰，甚至超过 5‰，表明甘青地区粟的 $\delta^{15}N$

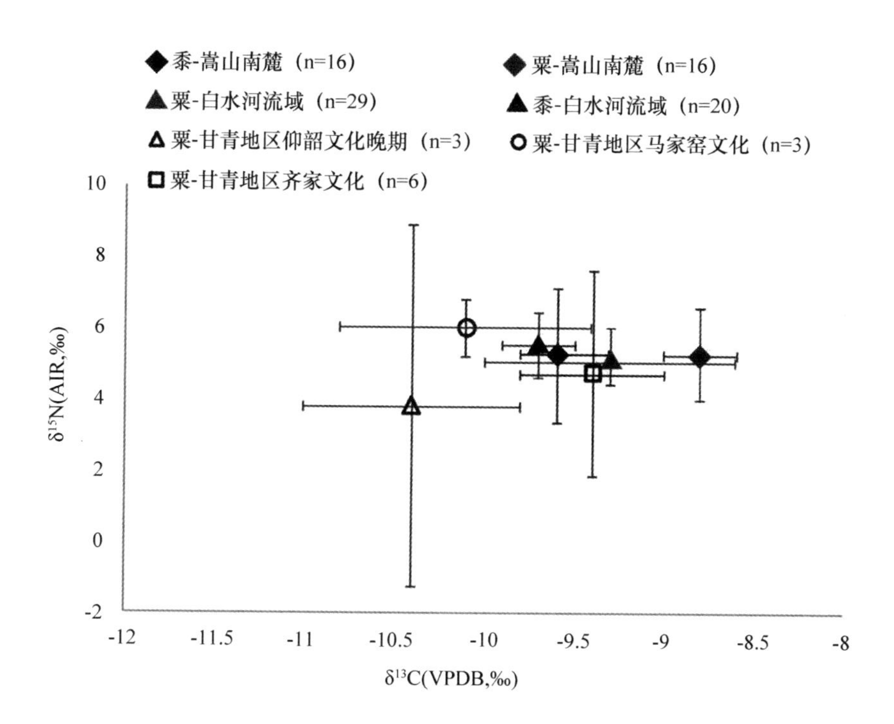

图 32　不同地区考古遗址粟、黍稳定同位素数据比较（甘青地区数据来自 An①）

---

① An C., Dong W., Chen Y., et al., "Stable Isotopic Investigations of Modern and Charred Foxtail Millet and the Implications for Environmental Archaeological Reconstruction in the Western Chinese Loess Plateau", *Quaternary Research*, Vol. 84, No. 1, 2015, pp. 144–149。

值变化较大。尤其是仰韶文化晚期，粟 $\delta^{15}N$ 值较大的差异说明这些粟接受的有机肥量变化较大，可能与施肥管理技术较为粗放，施肥程度不够均匀有关，最终导致作物 $\delta^{15}N$ 值差异较大。这似乎暗示出当地先民对施肥的重视不及黄河中游地区，而黄河中游地区至迟从仰韶文化晚期，距今约 5500 年开始，就已经存在较为成熟的持续施肥技术，从而有效地维持农田肥力和农作物高产。

文明的诞生并不是一朝一夕完成的，而是一个物质文化逐渐累积最终量变引发质变的过程。黄河中游地区从仰韶时期开始就有着较为发达的农业生产水平，多品种作物种植配合多样化土地利用方式和强化的施肥管理为文化发展和文明诞生提供了至关重要的物质保障和基础，经过长期的发展和积累，最终中华文明在中原地区形成。

第八章　结论和展望

农田管理技术是提高农作物产量的关键，尤其是在史前时期，有效的农田管理可以提高土地承载力，维系定居生活，为社会发展、文化扩张积累物质财富。本书通过对黄河中游地区新石器时代中晚期，白水河流域下河、南山头、北山头、马坡、汉寨、睦王河七处遗址，以及嵩山南麓地区王城岗、程窑、瓦店、新砦四处遗址出土粟、黍等农作物及动物进行碳、氮稳定同位素分析，从稳定同位素角度证实了新石器时代人工施肥管理的存在。主要得到以下几点认识：

白水河流域下河、南山头、北山头、马坡、汉寨、睦王河七处遗址粟、黍 $\delta^{15}N$ 值明显高于自然环境背景值，并且在较长时间尺度（5500 BP—3500 BP）内普遍较高，表明新石器时代晚期（5500 BP—3500 BP），白水河流域农作物就已经受到长期、持续的施肥管理，肥料主要来源可能是家猪的粪便。

在新石器时代晚期，黄土地区黄土水肥流失严重，施肥管理可以有效保持土壤肥力，提高粟、黍产量，为人和家畜提供食物来源。仰韶文化以其强劲的凝聚力和辐射力对周边广大地区产生了持续、强烈的影响，这背后必然有较为发达的农业生产提供有力的物质支持。因此，施肥可以视为新石器时代晚期中国北方地区粟作农业扩张、人口增长及仰韶文化发展的重要驱动力。

嵩山南麓地区新石器时代晚期王城岗、程窑、瓦店、新砦四处遗址粟、黍、水稻、大豆等作物氮稳定同位素结果同样显示出当地农业存在人工施肥管理。结合以往人和动物碳、氮稳定同位素数据，瓦店遗址农作物以及人的稳定同位素值均表现出一定的差异，不同管理及种植条件下的农作物分配给来自社会不同阶层的人群，可能暗示出社会分化程度的加强。

嵩山南麓先民根据当地地形和水文特征发展了适合多种作物种植的土地利用模式，多样化的土地利用方式可以最大限度地利用土地资源，提高土地承载力，满足人口增长的需要。

生产力的发展是推动人类社会进步的根本动力。龙山文化末期，早期文明在中原地区萌芽。文明诞生的背后，物质资料的累积起到了重要的推动作用，而物质资料的累积离不开农业生产水平的提高。黄河中游地区至迟从仰韶文化晚期，距今约5500年开始，就已经存在较为成熟的持续施肥技术，从而有效地维持农田肥力和农作物高产。黄河中游地区从仰韶时期开始较为发达的农业生产水平，为文化发展和文明诞生提供了至关重要的物质保障和基础，经过长期的发展和积累，最终中华文明在中原地区形成。

不足及展望

缺乏对粟、黍、水稻等农作物 $\delta^{13}C$ 值的有效解释。这主要是由于目前尚未建立粟、黍、水稻 $\delta^{13}C$ 值与水分利用关系的关系模型。尤其是粟、黍这两种 C_4 类作物，由于光合作用途径的复杂性，$\delta^{13}C$ 值与水分利用是否存在线性关系，仍需要进一步探讨。今后，需要通过控制不同水分条件的粟、黍种植实验来建立 $\delta^{13}C$ 值与水分利用关系的关系模型。

由于尚未建立粟、黍 $\delta^{15}N$ 值与施肥程度的关系模型，本研究直接借鉴了麦类作物的施肥模型，而这一模型是否适用于粟类作物，并没有得到证实。因此，今后需要控制不同施肥量的粟、黍种植实验来建立粟、黍专门的施肥模型。

本研究主要针对重要时段选取了两个典型地区进行施肥管理的相关探讨，并未对史前施肥管理形成系统认识，施肥管理何时何地出现，如何发展等问题仍然悬而未决。此外，由于缺少更多考古遗址植物稳定同位素数据的对比，在对中原地区施肥技术水平的讨论中，仅和甘青地区新石器时代的数据进行了对比，得出中原地区有着较为成熟的施肥技术，这一结论仍需要更多其他地区数据的支持。今后需要扩大植物稳定同位素的研究区域和时段，建立施肥等人工管理的时空发展框架。

附　　录

附表1　　**现代实验样品 $\delta^{13}C$ 值和 $\delta^{15}N$ 值**

编号	样品情况	植株	取样部位	重量（毫克）	$\delta^{13}C$	$\delta^{15}N$	碳含量%	氮含量%
1	化肥	植株1	穗下部	3.34	-13.1	1.4	40.8	1.8
2	化肥	植株1	穗中部	3.24	-12.9	1.5	42.6	2.0
3	化肥	植株1	穗上部	3.97	-12.7	1.5	40.6	1.7
4	化肥	植株2	穗下部	3.73	-12.4	1.8	41.0	1.5
5	化肥	植株3	穗下部	3.86	-13.0	0.6	40.6	1.6
6	化肥	植株4	穗下部	2.83	-12.6	1.8	42.9	2.2
7	化肥	植株5	穗下部	3.74	-12.7	0.2	41.5	1.7
8	化肥	植株6	穗下部	3.53	-12.9	-1.0	40.8	1.8
9	农家肥	植株1	穗下部	3.53	-12.7	4.8	41.7	1.5
10	农家肥	植株1	穗中部	3.30	-12.7	4.2	42.4	1.8
11	农家肥	植株1	穗上部	3.75	-12.5	3.2	41.3	1.7
12	农家肥	植株2	穗下部	3.57	-12.8	4.4	41.3	1.5
13	农家肥	植株2	穗中部	3.05	-12.8	3.8	42.7	1.6
14	农家肥	植株2	穗上部	3.67	-13.0	4.3	42.2	1.9
15	农家肥	植株3	穗下部	3.03	-13.1	5.4	42.8	1.7
16	农家肥	植株3	穗中部	3.56	-13.1	5.2	42.3	2.0
17	农家肥	植株3	穗上部	3.23	-13.1	5.0	42.8	1.9

续表

编号	样品情况	植株	取样部位	重量（毫克）	$\delta^{13}C$	$\delta^{15}N$	碳含量%	氮含量%
18	农家肥	植株 4	穗下部	3. 39	-12. 6	5. 3	42. 4	1. 8
19	农家肥	植株 4	穗中部	3. 73	-12. 9	5. 5	42. 0	2. 0
20	农家肥	植株 4	穗上部	3. 35	-12. 9	5. 8	42. 7	1. 9
21	农家肥	植株 5	穗下部	3. 63	-12. 2	4. 0	41. 7	1. 4
22	农家肥	植株 5	穗中部	3. 87	-12. 2	4. 0	41. 5	1. 8
23	农家肥	植株 5	穗上部	3. 21	-12. 4	3. 3	43. 3	2. 1
24	农家肥	植株 6	穗下部	3. 56	-12. 7	4. 0	42. 0	1. 5
25	农家肥	植株 6	穗中部	3. 11	-12. 7	3. 6	42. 7	1. 7
26	农家肥	植株 6	穗上部	3. 76	-12. 5	3. 7	41. 3	1. 6
27	不施肥	植株 1	穗下部	3. 71	-12. 8	3. 2	42. 0	2. 0
28	不施肥	植株 2	穗下部	3. 37	-13. 1	3. 9	42. 7	2. 1
29	不施肥	植株 3	穗下部	3. 02	-12. 5	4. 1	42. 6	1. 8
30	不施肥	植株 4	穗下部	3. 64	-12. 8	3. 6	42. 3	1. 9
31	不施肥	植株 5	穗下部	3. 39	-12. 6	3. 9	41. 9	1. 5
32	不施肥	植株 6	穗下部	3. 41	-12. 5	2. 6	42. 2	1. 5
33	腐殖质	植株 1	穗下部	3. 50	-12. 2	2. 2	42. 0	1. 6
34	腐殖质	植株 2	穗下部	3. 10	-12. 3	2. 9	42. 7	1. 6
35	腐殖质	植株 3	穗下部	3. 25	-12. 7	3. 5	42. 6	1. 9
36	腐殖质	植株 4	穗下部	3. 66	-12. 5	3. 2	41. 6	1. 7
37	腐殖质	植株 5	穗下部	3. 59	-12. 5	3. 3	42. 1	2. 4
38	腐殖质	植株 6	穗下部	3. 45	-12. 2	2. 8	41. 9	1. 4
39	农家肥	植株 1	稃壳	/	/	/	/	/
40	农家肥	植株 1	稃壳	3. 64	-13. 5	2. 4	39. 8	0. 4
41	农家肥	植株 1	稃壳	3. 40	-13. 1	3. 0	40. 4	0. 3
42	农家肥	植株 2	稃壳	3. 29	-14. 0	2. 1	39. 6	0. 4
43	农家肥	植株 2	稃壳	3. 34	-13. 7	1. 6	40. 4	0. 4
44	农家肥	植株 2	稃壳	3. 05	-13. 7	0. 9	40. 8	0. 4

续表

编号	样品情况	植株	取样部位	重量（毫克）	$\delta^{13}C$	$\delta^{15}N$	碳含量%	氮含量%
45	农家肥	植株3	稃壳	3.52	-13.9	3.7	40.2	0.5
46	农家肥	植株3	稃壳	2.82	-13.7	2.7	41.7	0.4
47	农家肥	植株3	稃壳	3.62	-13.6	4.7	40.1	0.4
48	农家肥	植株4	稃壳	3.00	-14.3	1.7	39.9	0.4
49	农家肥	植株4	稃壳	3.05	-13.8	3.3	41.1	0.4
50	农家肥	植株4	稃壳	3.52	-13.7	2.3	39.4	0.4
51	农家肥	植株5	稃壳	2.75	-13.3	1.9	39.8	0.4
52	农家肥	植株5	稃壳	3.04	-12.9	1.0	41.5	0.4
53	农家肥	植株5	稃壳	3.21	-12.8	1.5	41.0	0.3
54	农家肥	植株6	稃壳	2.97	-13.5	2.8	40.2	0.4
55	农家肥	植株6	稃壳	3.00	-13.1	3.3	42.3	1.1
56	农家肥	植株6	稃壳	2.54	-13.0	-0.1	41.3	0.3
57	腐殖质	植株1	稃壳	3.54	-13.9	1.0	39.2	0.3
58	腐殖质	植株2	稃壳	3.23	-13.8	1.4	39.5	0.4
59	腐殖质	植株3	稃壳	3.13	-13.1	0.9	39.5	0.4
60	腐殖质	植株4	稃壳	2.68	-13.1	1.1	40.4	0.4
61	腐殖质	植株5	稃壳	3.83	-13.5	1.1	38.6	0.4
62	腐殖质	植株6	稃壳	2.60	-13.5	-1.4	40.2	0.4
63	农家肥/炭化	植株1	穗下部	4.12	-12.7	5.1	42.1	1.9
64	农家肥/炭化	植株2	穗下部	3.36	-12.9	4.7	47.3	2.7
65	农家肥/炭化	植株3	穗下部	3.62	-12.9	5.0	43.7	1.9
66	农家肥/炭化	植株4	穗下部	3.42	-12.4	5.8	46.7	2.1
67	农家肥/炭化	植株5	穗下部	3.83	-11.8	4.3	45.6	1.9

续表

编号	样品情况	植株	取样部位	重量（毫克）	$\delta^{13}C$	$\delta^{15}N$	碳含量%	氮含量%
68	农家肥/炭化	植株6	穗下部	4.28	-12.5	3.8	41.3	1.7
69	不施肥/炭化	植株1	穗下部	3.11	-12.4	3.7	54.6	3.2
70	不施肥/炭化	植株2	穗下部	4.01	-12.4	4.5	49.7	3.0
71	不施肥/炭化	植株3	穗下部	3.47	-12.4	3.9	50.9	3.2
72	不施肥/炭化	植株4	穗下部	3.90	-12.2	3.5	50.2	2.5
73	不施肥/炭化	植株5	穗下部	2.90	-12.3	3.7	55.5	2.7
74	不施肥/炭化	植株6	穗下部	3.12	-12.0	3.3	54.3	2.6
75	化肥	植株1	秸秆	3.79	-12.7	/	43.2	0.4
76	化肥	植株2	秸秆	3.27	-12.7	/	44.1	0.4
77	化肥	植株3	秸秆	3.26	-12.7	/	43.6	0.2
78	化肥	植株4	秸秆	3.15	-12.2	/	43.5	0.3
79	化肥	植株5	秸秆	3.67	-12.4	/	41.3	0.4
80	化肥	植株6	秸秆	3.63	-12.0	/	42.4	0.3
81	农家肥	植株1	秸秆	4.51	-12.4	/	40.0	0.3
82	农家肥	植株2	秸秆	2.95	-12.7	/	43.5	0.2
83	农家肥	植株3	秸秆	3.32	-12.6	/	43.7	0.2
84	农家肥	植株4	秸秆	3.39	-13.1	/	43.9	0.2
85	农家肥	植株5	秸秆	3.59	-12.2	/	37.6	1.8
86	农家肥	植株6	秸秆	3.26	-12.3	/	42.6	0.4
87	不施肥	植株1	秸秆	3.22	-13.0	/	43.3	12.5
88	不施肥	植株2	秸秆	3.47	-12.8	/	35.8	2.5
89	不施肥	植株3	秸秆	4.31	-12.7	/	34.8	2.2
90	不施肥	植株4	秸秆	3.40	-12.3	/	37.5	0.6

续表

编号	样品情况	植株	取样部位	重量（毫克）	$\delta^{13}C$	$\delta^{15}N$	碳含量%	氮含量%
91	不施肥	植株 5	秸秆	3.04	-12.8	/	43.4	0.4
92	不施肥	植株 6	秸秆	3.15	-12.5	/	43.0	0.3
93	腐殖质	植株 1	秸秆	3.34	-12.2	/	40.8	0.4
94	腐殖质	植株 2	秸秆	3.42	-12.2	/	43.1	0.1
95	腐殖质	植株 3	秸秆	3.48	-13.0	/	39.8	0.7
96	腐殖质	植株 4	秸秆	3.21	-12.1	/	40.8	0.5
97	腐殖质	植株 5	秸秆	3.17	-13.1	/	39.4	0.2
98	腐殖质	植株 6	秸秆	3.43	-12.9	/	43.0	0.1
99	化肥	植株 1	叶片	3.79	-13.4	/	38.1	2.4
100	化肥	植株 2	叶片	3.43	-12.7	/	31.3	1.5
101	化肥	植株 3	叶片	3.23	-13.2	/	34.2	0.6
102	化肥	植株 4	叶片	3.62	-13.3	/	34.2	1.9
103	化肥	植株 5	叶片	3.42	-13.3	/	37.9	2.7
104	化肥	植株 6	叶片	3.38	-13.3	/	38.8	2.7
105	农家肥	植株 1	叶片	3.32	-13.0	/	38.5	2.4
106	农家肥	植株 2	叶片	2.82	-13.4	/	38.8	2.6
107	农家肥	植株 3	叶片	3.02	-13.1	/	36.5	0.6
108	农家肥	植株 4	叶片	3.35	-12.6	/	34.7	0.7
109	农家肥	植株 5	叶片	3.05	-13.5	/	36.2	2.2
110	农家肥	植株 6	叶片	3.09	-13.4	/	34.5	1.7
111	不施肥	植株 1	叶片	3.25	-13.2	/	34.9	1.5
112	不施肥	植株 2	叶片	3.16	-13.9	/	36.0	2.2
113	不施肥	植株 3	叶片	3.02	-13.4	/	36.0	2.6
114	不施肥	植株 4	叶片	3.39	-13.1	/	36.2	2.4
115	不施肥	植株 5	叶片	3.26	-13.6	/	37.9	2.8
116	不施肥	植株 6	叶片	3.32	-12.9	/	38.5	2.4
117	腐殖质	植株 1	叶片	3.28	-13.0	/	36.8	2.2

续表

编号	样品情况	植株	取样部位	重量（毫克）	$\delta^{13}C$	$\delta^{15}N$	碳含量%	氮含量%
118	腐殖质	植株 2	叶片	3.48	-12.7	/	31.3	0.8
119	腐殖质	植株 3	叶片	3.34	-13.4	/	36.1	1.5
120	腐殖质	植株 4	叶片	3.24	-13.5	/	33.1	1.1
121	腐殖质	植株 5	叶片	3.46	-13.6	/	37.5	1.5
122	腐殖质	植株 6	叶片	2.94	-12.8	/	33.0	1.2

附表 2　**其他地区粟、黍遗存数据和现代粟、黍数据**①

种属	来源	$\delta^{13}C$	样品性质	种属	来源	$\delta^{13}C$	样品性质
粟	北方地区	-12.9	现代	黍	甘青地区	-11.5	考古遗存
粟	北方地区	-12.6	现代	黍	甘青地区	-10.6	考古遗存
粟	北方地区	-12.6	现代	黍	甘青地区	-10.8	考古遗存
粟	北方地区	-12.9	现代	黍	甘青地区	-11.3	考古遗存
粟	北方地区	-12.2	现代	黍	甘青地区	-10.9	考古遗存
粟	北方地区	-12.8	现代	黍	甘青地区	-10.8	考古遗存
粟	北方地区	-12.4	现代	黍	甘青地区	-10.5	考古遗存
粟	北方地区	-12.4	现代	黍	甘青地区	-11.9	考古遗存
粟	北方地区	-12.3	现代	黍	甘青地区	-10.0	考古遗存
粟	北方地区	-12.8	现代	黍	甘青地区	-11.1	考古遗存
粟	北方地区	-11.6	现代	黍	甘青地区	-10.1	考古遗存
粟	北方地区	-12.8	现代	黍	甘青地区	-11.0	考古遗存
粟	北方地区	-12.1	现代	黍	甘青地区	-11.8	考古遗存

① 陕西地区数据来自本书第五章；甘青地区数据来自 An C., Dong W., Chen Y., et al., "Stable Isotopic Investigations of Modern and Charred Foxtail Millet and the Implications for Environmental Archaeological Reconstruction in the Western Chinese Loess Plateau", *Quaternary Research*, Vol. 84, No. 1, 2015, pp. 144 - 149；现代数据来自杨青、李小强：《黄土高原地区粟、黍碳同位素特征及其影响因素研究》,《中国科学·地球科学》2015 年第 11 期。

续表

种属	来源	$\delta^{13}C$	样品性质	种属	来源	$\delta^{13}C$	样品性质
粟	北方地区	-12.9	现代	黍	甘青地区	-11.0	考古遗存
粟	北方地区	-13.0	现代	黍	甘青地区	-11.9	考古遗存
粟	北方地区	-12.1	现代	黍	甘青地区	-11.6	考古遗存
粟	北方地区	-13.0	现代	黍	甘青地区	-11.1	考古遗存
粟	北方地区	-12.6	现代	黍	甘青地区	-11.7	考古遗存
粟	北方地区	-13.7	现代	黍	甘青地区	-11.0	考古遗存
粟	北方地区	-13.5	现代	黍	甘青地区	-10.6	考古遗存
粟	北方地区	-12.2	现代	黍	甘青地区	-11.1	考古遗存
粟	北方地区	-13.5	现代	黍	甘青地区	-11.6	考古遗存
粟	北方地区	-12.7	现代	黍	甘青地区	-11.5	考古遗存
粟	北方地区	-13.0	现代	黍	甘青地区	-11.5	考古遗存
粟	北方地区	-13.5	现代	黍	甘青地区	-10.5	考古遗存
粟	北方地区	-12.6	现代	黍	甘青地区	-10.8	考古遗存
粟	北方地区	-13.2	现代	粟	陕西地区	-9.3	考古遗存
粟	北方地区	-12.6	现代	粟	陕西地区	-10.5	考古遗存
粟	北方地区	-12.5	现代	粟	陕西地区	-9.2	考古遗存
粟	北方地区	-13.4	现代	粟	陕西地区	-11.0	考古遗存
粟	北方地区	-13.4	现代	粟	陕西地区	-9.2	考古遗存
粟	北方地区	-12.9	现代	粟	陕西地区	-10.2	考古遗存
粟	北方地区	-12.6	现代	粟	陕西地区	-9.2	考古遗存
粟	北方地区	-13.4	现代	粟	陕西地区	-10.1	考古遗存
粟	北方地区	-13.9	现代	粟	陕西地区	-9.6	考古遗存
粟	北方地区	-13.9	现代	粟	陕西地区	-9.2	考古遗存
粟	北方地区	-13.9	现代	粟	陕西地区	-9.2	考古遗存
粟	甘青地区	-10.6	考古遗存	粟	陕西地区	-9.3	考古遗存
粟	甘青地区	-11.0	考古遗存	粟	陕西地区	-9.6	考古遗存
粟	甘青地区	-11.4	考古遗存	粟	陕西地区	-10.8	考古遗存
粟	甘青地区	-10.3	考古遗存	粟	陕西地区	-9.2	考古遗存

续表

种属	来源	δ¹³C	样品性质	种属	来源	δ¹³C	样品性质
粟	甘青地区	-10.5	考古遗存	粟	陕西地区	-9.4	考古遗存
粟	甘青地区	-10.4	考古遗存	粟	陕西地区	-9.5	考古遗存
粟	甘青地区	-9.8	考古遗存	粟	陕西地区	-9.4	考古遗存
粟	甘青地区	-10.6	考古遗存	粟	陕西地区	-11.8	考古遗存
粟	甘青地区	-9.8	考古遗存	粟	陕西地区	-9.8	考古遗存
粟	甘青地区	-9.9	考古遗存	粟	陕西地区	-9.4	考古遗存
粟	甘青地区	-10.0	考古遗存	粟	陕西地区	-9.9	考古遗存
粟	甘青地区	-10.3	考古遗存	粟	陕西地区	-9.7	考古遗存
粟	甘青地区	-10.8	考古遗存	黍	陕西地区	-10.1	考古遗存
粟	甘青地区	-10.1	考古遗存	黍	陕西地区	-10.6	考古遗存
粟	甘青地区	-10.7	考古遗存	黍	陕西地区	-10.4	考古遗存
粟	甘青地区	-11.8	考古遗存	黍	陕西地区	-10.2	考古遗存
粟	甘青地区	-11.4	考古遗存	黍	陕西地区	-9.6	考古遗存
粟	甘青地区	-9.6	考古遗存	黍	陕西地区	-10.0	考古遗存
粟	甘青地区	-10.4	考古遗存	黍	陕西地区	-10.3	考古遗存
粟	甘青地区	-10.4	考古遗存	黍	陕西地区	-9.8	考古遗存
粟	甘青地区	-10.3	考古遗存	黍	陕西地区	-10.0	考古遗存
粟	甘青地区	-10.0	考古遗存	黍	陕西地区	-10.2	考古遗存
粟	甘青地区	-10.2	考古遗存	黍	陕西地区	-10.0	考古遗存
粟	甘青地区	-10.4	考古遗存	黍	陕西地区	-10.1	考古遗存
粟	甘青地区	-10.1	考古遗存	黍	陕西地区	-10.2	考古遗存
粟	甘青地区	-10.4	考古遗存				

后　记

本书主体内容来自我的博士论文《同位素视角下我国黄河中游地区新石器晚期施肥管理研究》。2018 年毕业后，依托国家社科基金项目“中原地区龙山—二里头时期农田管理研究”，我对相关问题又有一些新的认识和思考，对博士论文进行了补充和完善，并于 2022 年完成书稿。如今临近付梓，回想整个过程，不免激动和感慨。

我开始从事史前农田管理研究是在 2014 年博士一年级阶段。原本的博士研究计划是继续硕士阶段的工作，结合大植物遗存和植硅体分析方法，对陕西地区史前农业活动进行研究。当时恰逢植物遗存稳定同位素研究开始兴起，我又有一定的植物考古基础，导师胡耀武教授建议我尝试开展相关工作，机缘巧合下我闯入了这个全新的领域。几乎从零开始，我用了将近一年的时间调研文献、学习方法、设计实验，中间得到了师兄陈相龙和同学王婷婷的热心帮助。从 2015 年 8 月得到实验数据到 2018 年 4 月临近毕业成果才正式发表，期间经历了多次“推翻重来”，也曾迷茫、受挫到失去信心。文章修改过程中，胡老师、尚雪老师、Benjamin Fuller 博士不断对文章提出修改意见，大家的意见从最初的分歧到慢慢达成一致，文章最终的修改版本将近 40 个。经历了这个过程的训练，我才深切地体会到科学研究的严谨和不易。

这项研究的一个重要认识是，至少距今 5500 年开始，黄河中游地区的先民就对农作物进行了一定的施肥管理。成果发表后，这一认识和研究方法得到了许多国内学者的关注，当然也有不同的看法。在学术会议和交流中，许多前辈同行对我提出了有益和中肯的建议。这些建议促使我继续思考，这项研究还有哪些可以完善的地方，除了施肥我还能做些什么。在这里要特别感谢中国社会科学院考古研究所的赵志军先生，我的工作得到了他的认可，并在他的建议和大力支持下，得以对中原地区文明起源关键阶段的农田管理展开研究。

中原这项研究的实验结果和初步认识虽然在博士阶段就已完成，但最终形成成熟认识是在我参加工作之后。2018 年毕业后，我随即进入武汉大学考古系工作，原本希望博士毕业后可以有一段时间的缓冲和放松，却在“非升即走”的考核压力下不得不迅速调整并继续马不停蹄。学生到老师的身份转变和考核压力使我一度非常焦虑，并在疫情期间加剧。工作后我得到了学院和系里的关心和支持，为我提供了良好的平台，这像一颗“定心丸”让我决定放手一搏。胡老师和尚老师不时打电话关心我的进展，在我退缩时给我鼓劲。依然记得胡老师那句“不逼自己一下是不知道自己有多厉害的”。确实，在“逼自己”反复看数据看文献的某一天，我突然想到了可以用“土地利用”去解释中原的数据，为这个研究找到了一个突破口。可以说在中原这项研究中，我才开始真正地“独立”科研，并体会到其中的乐趣。

出版成书并不意味着“盖棺定论”，尤其对于一个新的研究领域。我深切地意识到，受个人能力所限，书中还有很多不足之处，希望可以得到各位方家批评与指正。

本书外文遵照出版社的体例要求，正文中植物拉丁名用了拉丁文的正体。页下注释书名和杂志名用了斜体。特此说明。

本书的出版得到了武汉大学“双一流”建设专项人才启动经费（项目号：600460026）和武汉大学长江文明考古研究院的支持。感谢武汉大学、历史学院提供的科研和工作平台，感谢考古系同事在专业和生活上给予的帮助。

在本书写作过程中得到了胡耀武教授、赵志军研究员、尚雪副教授、陈相龙助理研究员和钟华助理研究员的指导和帮助，在此表示衷心的感谢。

最后，感谢爱人和家人一直以来的支持和鼓励。

王　欣

2023 年 3 月 2 日于武汉珞珈山